国家职业资格培训教程

印染洗涤工

印染工种培训教材编写委员会　组织编写
钱　灏　编著

中国纺织出版社

内 容 提 要

　　本书按照国家职业标准《印染洗涤工》的内容和要求较为详尽地介绍了洗涤工必须掌握的职业道德和水洗基础知识，包括无机化学知识、染化料助剂知识、纺织纤维及结构知识和染整工艺基础知识，详细地介绍了印花后水洗工序的初级工、中级工和高级工在各自岗位上的学习目标、技能要求和相关知识，系统地介绍了洗涤前准备、洗涤操作、洗涤后处理的具体操作技能。本书还介绍了与水洗相关的染化料助剂的性能、作用和使用方法，介绍了各种印花工艺所对应的水洗工艺和洗涤方法，并对生产中一些常见问题的产生原因和解决方法进行了介绍，同时较为全面地介绍了各类洗涤设备的基本结构和力学性能以及设备的操作、维护保养工作和安全操作知识。
　　本书从生产实际出发，力求详细实用，是印染技术工人的规范性上岗培训教材，也可用做印染企业工程技术人员和企业现场管理人员的参考用书。

图书在版编目(CIP)数据

印染洗涤工/印染工种培训教材编写委员会组织编写；钱灏编著. —北京：中国纺织出版社，2011.12
　国家职业资格培训教程
　ISBN 978-7-5064-8025-3

　Ⅰ.①印… Ⅱ.①印… ②钱… Ⅲ.①染整—洗涤—技术培训—教材 Ⅳ.①TS190.1

　中国版本图书馆 CIP 数据核字(2011)第 235823 号

策划编辑：冯　静　　责任编辑：于磊岚　　责任校对：楼旭红
责任设计：李　然　　责任印制：何　艳

中国纺织出版社出版发行
地址：北京东直门南大街6号　邮政编码：100027
邮购电话：010—64168110　传真：010—64168231
http://www.c-textilep.com
E-mail:faxing @ c-textilep.com
三河市华丰印刷厂印刷　三河市永成装订厂装订
各地新华书店经销
2011年12月第1版第1次印刷
开本：880×1230　1/32　印张：7.125
字数：142千字　定价：35.00元

凡购本书，如有缺页、倒页、脱页，由本社图书营销中心调换

前　言

受国家人力资源和社会保障部及中国印染行业协会的委托,以上海印染行业协会为主,会同嘉兴职业技术学院和山东华纺股份有限公司,按照《国家职业标准》的内容和要求,编写了这套印染工种培训教材。

《国家职业标准》中印染工种分为坯布检查处理工、印染烧毛工、煮练漂工、印染丝光工、织物染色工、印染烘干工、印染定形工、印染染化料配制工、印花工、印染雕刻制版工、印染洗涤工、印染工艺检验工、印染后整理工和印染成品定等装潢工共十四个工种。一个工种编写一本教材,共十四本。每本书一般分为上、中、下三篇。上篇为基本要求,是按初中文化程度,针对初级工的要求编写的基础知识及共同要求的职业道德;中篇为初级工、中级工和高级工的工作要求;下篇为技师和高级技师的工作要求。

本套培训教材是按《国家职业标准》的要求编写的,同以往的教材相比其特点是:第一,分工种单独编写;第二,同一工种又分为初级工、中级工、高级工,有些工种还有技师、高级技师,级别分为 3~5 级;第三,高级别的内容和要求涵盖低级别的内容和要求,每本书前后的内容不重复。

编写本套培训教材时掌握的原则是:第一,以《国家职业标准》为准绳,尽量不超越、不降低要求;第二,总体策划、基本格式统一;第三,在工艺、设备等内容的选择上以量大面广,有其普遍性和代表性的工艺、设备为重点；第四，正确处理技术中的先进和过时、新与老的关系，既要注意印染生产技术发展的趋势，编入一定比例的比较成熟的新技术，又要注意印染技术发展的连续性，对滚筒印花、照相雕刻、码布机等所谓过时技术不是简单摈弃，而是作一般性介绍；新工艺、新材料、新设备和新技术"四新"方面的内容，在编写时多出现在"相关知识"部分。

  本套培训教材的执笔者都是从事印染技术的专业人员、管理人员及职业技术学院的专业教师，曾担任过印染企业的厂长、总工程师、技术科长、车间主任及技术学院的讲师工作，有较深的理论基础和丰富的生产实践经验，既懂技术又懂管理。在编委会的统一策划下，执笔者的分工是：李淼官：《坯布检查处理工》、《印染烘干工》；冯开隽：《印染烧毛工》、《煮练漂工》、《印染丝光工》；嘉兴职业技术学院染色工编写组（戴桦根主编）：《织物染色工》；胡平藩、姚江元：《印染染化料配制工》；钱灏、唐增荣、李良彪：《印花工》；钱灏：《印染洗涤工》；李介民：《印染后整理工》、《印染工艺检验工》；王中夏、叶志行：《印染雕刻制版工》；夏美娣：《印染成品定等装潢工》；刘跃霞：《印染定形工》。书中"职业道德"、"安全知识"和"相关法律、法规知识"等通用部分由中国印染行业协会印花技术专业委员会姜晓烽执笔。全书的策划、统稿和审稿为陈良田、王祥兴。上海印染行业协会名誉会长潘跃进一直关心支持该项工作，多次组织编写人员学习《国家职业标准》以及相关政策要求，策划了本套培训教材的基本结构、文本格式要求和写作方法等。本套培训教材编写过程中还一直受到中国印染行业协会和中国纺织出版社的指导；同时也一直得到上海中大科技发展有限公司的帮助和支持，常务副总裁朱光林多次参与研讨工作。

  这套印染工种培训教材尽管以《国家职业标准》为准绳，按其内容和要求进行编写,但对工种的分级内容、深度和广度的把握上还难以精准,肯定有不适之处。新时期的印染生产活动,按工种分 3~5 个级别编写培训教材,同以往按岗位的应知应会培训有明显不同,此举可说是首创或新的探索,不足之处甚至错误实为难免,望谅解。

陈良田

2011 年 5 月

国家职业资格培训教程
印染工种培训教材编写委员会

主　任：孙晓音
副主任：邢惠路　潘跃进　陈志华　奚新德
主　编：潘跃进
副主编：陈良田　王祥兴
委　员：朱光林　周晓朴　林　琳　冯开隽　胡平藩
　　　　姚江源　钱　灏　唐增荣　李良彪　叶志行
　　　　王中夏　李介民　李淼官　夏美娣　姜晓烽
　　　　戴桦根　刘跃霞　朱建华

目 录

上篇 基本要求

第一章 职业道德 …………………………………………… 1
　第一节 职业道德基本知识 ……………………………… 1
　第二节 职业守则 ………………………………………… 2

第二章 基础知识 …………………………………………… 5
　第一节 专业知识 ………………………………………… 5
　　一、化学基础知识 ……………………………………… 5
　　二、染化助剂基础知识 ………………………………… 21
　　三、纺织材料基础知识 ………………………………… 33
　　四、织物类别及特点 …………………………………… 46
　　五、不同织物洗涤的加工特点 ………………………… 49
　　六、洗涤工艺基础知识 ………………………………… 50
　　七、水洗机械的操作常识 ……………………………… 75
　第二节 安全知识 ………………………………………… 78
　　一、安全制度 …………………………………………… 79
　　二、防火、防爆、防化知识 …………………………… 81
　　三、安全操作知识 ……………………………………… 87
　　四、安全用电知识 ……………………………………… 88

第三节 相关法律、法规知识 ·········· 88
思考题 ································· 91

下篇 初级工

第三章 洗涤前准备 ·········· 93
第一节 洗涤织物准备 ·········· 93
一、操作技能 ·········· 93
二、相关知识 ·········· 95
三、注意事项 ·········· 96
第二节 缝头和穿布知识 ·········· 96
一、操作技能 ·········· 96
二、相关知识 ·········· 97
三、注意事项 ·········· 102
第三节 设备检查 ·········· 102
一、操作技能 ·········· 102
二、相关知识 ·········· 103
三、注意事项 ·········· 106
思考题 ·········· 106

第四章 洗涤操作 ·········· 107
第一节 洗涤进出布操作 ·········· 107
一、操作技能 ·········· 107
二、相关知识 ·········· 108
三、注意事项 ·········· 109
第二节 运行控制 ·········· 109

一、操作技能 …………………………………………… 110
　　二、相关知识 …………………………………………… 111
　　三、注意事项 …………………………………………… 112
　第三节　简单故障处理 …………………………………… 112
　　一、操作技能 …………………………………………… 112
　　二、相关知识 …………………………………………… 113
　　三、注意事项 …………………………………………… 115
　　思考题 …………………………………………………… 115

第五章　洗涤后处理 ………………………………………… 116
　第一节　填写生产记录 …………………………………… 116
　　一、操作技能 …………………………………………… 116
　　二、相关知识 …………………………………………… 116
　　三、注意事项 …………………………………………… 119
　第二节　清洁设备 ………………………………………… 119
　　一、操作技能 …………………………………………… 119
　　二、相关知识 …………………………………………… 120
　　三、注意事项 …………………………………………… 121
　　思考题 …………………………………………………… 121

下篇　中级工

第六章　洗涤前准备 ………………………………………… 122
　第一节　洗涤织物准备 …………………………………… 122
　　一、操作技能 …………………………………………… 122
　　二、相关知识 …………………………………………… 124

三、注意事项 ································· 125
第二节　洗涤液配制 ································· 125
　　一、操作技能 ································· 125
　　二、相关知识 ································· 128
　　三、注意事项 ································· 129
第三节　设备检查 ································· 129
　　一、操作技能 ································· 129
　　二、相关知识 ································· 130
　　三、注意事项 ································· 133
　　思考题 ································· 133

第七章　洗涤操作 ································· 134
第一节　穿布和温度控制 ································· 134
　　一、操作技能 ································· 134
　　二、相关知识 ································· 135
　　三、注意事项 ································· 138
第二节　运行控制 ································· 139
　　一、操作技能 ································· 139
　　二、相关知识 ································· 141
　　三、注意事项 ································· 144
第三节　常见故障处理 ································· 146
　　一、操作技能 ································· 146
　　二、相关知识 ································· 146
　　三、注意事项 ································· 147
　　思考题 ································· 147

第八章 洗涤后处理 ·················· 149
第一节 填写生产记录 ················ 149
一、操作技能 ···················· 149
二、相关知识 ···················· 150
三、注意事项 ···················· 152
第二节 洗涤设备的保养 ·············· 152
一、操作技能 ···················· 152
二、相关知识 ···················· 153
三、注意事项 ···················· 153
思考题 ······················ 153

下篇 高级工

第九章 洗涤前准备 ·················· 154
第一节 设备准备 ·················· 154
一、操作技能 ···················· 154
二、相关知识 ···················· 156
三、注意事项 ···················· 156
第二节 工艺及助剂准备 ·············· 156
一、操作技能 ···················· 156
二、相关知识 ···················· 169
三、注意事项 ···················· 172
思考题 ······················ 173

第十章 洗涤操作 ··················· 174
第一节 运行控制 ·················· 174

一、操作技能 ……………………………………………… 174
　　二、相关知识 ……………………………………………… 177
　　三、注意事项 ……………………………………………… 195
　第二节　质量检查与质量报告 …………………………………… 195
　　一、操作技能 ……………………………………………… 195
　　二、相关知识 ……………………………………………… 197
　　三、注意事项 ……………………………………………… 200
　第三节　设备的基本管理 ………………………………………… 200
　　一、操作技能 ……………………………………………… 200
　　二、相关知识 ……………………………………………… 203
　　三、注意事项 ……………………………………………… 204
　思考题 ……………………………………………………………… 205

第十一章　培训与指导 ……………………………………………… 206
　第一节　培训 ……………………………………………………… 206
　　一、操作技能 ……………………………………………… 206
　　二、相关知识 ……………………………………………… 207
　　三、注意事项 ……………………………………………… 209
　第二节　指导 ……………………………………………………… 209
　　一、操作技能 ……………………………………………… 209
　　二、相关知识 ……………………………………………… 210
　　三、注意事项 ……………………………………………… 211
　思考题 ……………………………………………………………… 211

参考文献 ……………………………………………………………… 212

上篇　基本要求

第一章　职业道德

第一节　职业道德基本知识

职业道德是随着职业的出现而产生和逐步发展的,是社会道德在职业领域的具体体现,是同人们的职业活动紧密联系的符合职业特点所要求的道德准则、道德情操与道德品质的总和。它既是对本职人员在职业活动中行为的要求,同时又是职业对社会所负的道德责任与义务。

在现实社会里,职业道德更多地表现为一种"软性约束",主要体现为行业规范所约定,单位纪律所强调,社会舆论所监督。在《公民道德建设实施纲要》中指出,职业道德是所有从业人员在职业活动中应该遵循的行为准则,涵盖了从业人员与服务对象、职业与职工、职业与职业之间的关系。随着现代社会分工的发展和专业化程度的增强,市场竞争日趋激烈,整个社会对从业人员职业观念、职业态度、职业技能、职业纪律和职业作风的要求越来越高。要大力倡导以爱岗敬业、诚实守信、办事公道、服务群众、奉献社会为主要内容的职业道德,鼓励人们在工作中做一个好建设者。

职业道德一般包括职业道德意识、职业道德行为和职业道德规则三个层次。职业道德意识是指人们对于职业道德的基本要求的认识,包括职业道德心理和职业道德思想,具有相对稳定的特征。职业道行为是职业道德意识在职业个体行为上的外在体现。职业道德规则是在职业道德意识和职业道德行为的基础上产生和发展起来的,是职业道德的规范化形式。

职业道德是岗前和岗位培训的重要内容,可以帮助从业人员熟悉和了解与本职工作相关的道德规范,培养敬业精神。要把遵守职业道德的情况作为考核、奖惩的重要指标,促使从业人员养成良好的职业习惯,树立行业新风。

第二节　职业守则

1. 遵守法律、法规和有关规定

(1) 遵守国家、各级政府部门、行业协会等制定的相关法律和管理条例。

(2) 遵守单位制定的规章制度与工作纪律。

(3) 听从指挥,认真执行单位的工作部署。

(4) 认真维护单位的物品、设施、财产、对外形象等公共利益。

(5) 严格执行安全管理规定。

(6) 严格执行保密管理规定。

2. 认真负责、严于律己,不骄不躁,吃苦耐劳、勇于开拓

热爱工作岗位,干一行爱一行,勤奋努力,精益求精,尽职尽责,尊重自己所从事职业的道德操守。不心浮气躁,好高骛远,要循序渐进,敢于创新,尊重事物发生、发展的过程,一步一个脚印地实现自身发展目标。

3. 刻苦学习,忠于职守,团结同志,协调配合

认真学习专业知识,增强技能,提高自身素质。同事之间团结友

爱,坦诚沟通,彼此信任,相互支持;团队之中精诚合作,协作配合;单位内部营造文明和谐氛围,实现员工与单位的共同发展,齐心协力地为发展本行业、本职业服务。创新谋发展,实干促发展,相互多解释、多沟通,使内外通达,上下齐心,保证优质的产品质量和服务质量。

4. 爱岗敬业,具有高度责任心

忠于职守,尽职尽责,认真负责,精益求精,善始善终。养成对职业高度的责任感和忠诚感,做好自身本职工作,自觉为单位和社会做贡献,尽到力所能及的责任。当集体利益与局部利益、个人利益发生冲突时,从业人员应把集体利益放在首位。从业人员应该以高度的职业责任感,认真履行自己的职业义务,从而获得本单位或社会对自身职业行为给予的肯定评价。

5. 严格执行工作程序、工作规范和安全操作规程

(1)认真接受安全生产教育和培训。

(2)熟悉并严格遵守单位的安全生产规章、安全操作程序,维护工作场所的安全卫生。

(3)掌握本职工作所需的安全生产知识。

(4)提高安全生产技能,增强事故预防和应急处理能力。

(5)服从管理,正确佩戴和使用劳动防护用品。

(6)积极参与安全生产管理工作。

6. 着装整洁,符合规定,保持工作环境清洁有序,文明生产

(1)从业人员按规定着装,佩戴适宜,仪容仪表端庄朴实,语言文明,举止稳重,行为规范,待人热情,态度和蔼,耐心细致。

(2)保持环境整洁,生产作业秩序井然,物资物品、用品用具摆放有序;举止文明礼貌,自觉使用文明用语;讲究礼仪规范,保持良好的精神风貌。

(3)珍惜单位资源,坚持绿色环保,促进节能减排;崇尚俭朴,厉行节约,不铺张浪费。

(4)不断改进设计,使用清洁的能源和原料,采用先进的工艺技术与设备,改善管理,综合利用;从源头削减污染,提高资源利用效率,减少或者避免生产、服务和产品使用过程中污染物的产生和排放;对生产过程与产品采取整体预防的环境策略,减少或者消除对人类及环境的可能危害。

第二章 基础知识

第一节 专业知识

一、化学基础知识

1. 水的性质和印染用水的要求

(1)水的物理性质:水的分子式为 H_2O,相对分子质量 18.016。纯净的水是一种无色、无臭、无味、透明的液体。在常压下,水的凝固点(冰点)是 0℃,在 0℃以下为固体,结成冰而使体积增加,为原来的 1.09 倍;沸点是 100℃,在 100℃以上为气体,使水变成水蒸气,体积增加 1600 多倍;水在 0~100℃之间为液体,在 4℃时,$1cm^3$ 的水的质量为 1g,此时水的密度最大;水是一种很好的溶剂,能溶解多种物质。

(2)水的化学性质:水分子在常态下很稳定,但是在高温(2000℃以上)或电流的作用下,水能分解成氢气和氧气。

$$2H_2O = 2H_2\uparrow + O_2\uparrow$$

水在常温下可以和一些化学性质较活泼的金属,如钾、钠、钙等进行氧化反应,从水中置换出氢气。

$$2Na + 2H_2O = 2NaOH + H_2\uparrow$$
$$Mg + 2H_2O = Mg(OH)_2 + H_2\uparrow$$
$$3Fe + 4H_2O(水蒸气) = Fe_3O_4 + 4H_2\uparrow$$

水能与某些非金属进行反应,在工业上常用的熟石灰(氢氧化钙)

就是水和氧化钙(生石灰)反应生成的:

$$CaO + H_2O == Ca(OH)_2$$

又如:

$$C + H_2O \xrightarrow{高温} CO\uparrow + H_2\uparrow$$

水可以跟活泼金属的碱性氧化物、大多数酸性氧化物以及某些不饱和烃发生水化反应。

$$Na_2O + H_2O == 2NaOH$$

$$SO_3 + H_2O == H_2SO_4$$

$$P_2O_5 + 3H_2O == 2H_3PO_4$$

水的作用可使一些化合物产生水解反应。

$$Mg_3N_2 + 6H_2O == 3Mg(OH)_2\downarrow + 2NH_3\uparrow$$

碳化钙水解:

$$CaC_2(电石) + 2H_2O == Ca(OH)_2 + C_2H_2\uparrow$$

卤代烃水解:

$$C_2H_5Br + H_2O \rightleftharpoons C_2H_5OH + HBr$$

(3)印染用水:印花产品的加工过程都离不开水,而且用水量很大。水的质量直接影响到产品的质量。目前我国印染厂用水的来源基本上有三种,一种是河水,一种是深井水,还有一种就是自来水。这三种水都是硬水,其中可溶性钙、镁盐较多。前处理中常用的皂洗剂遇到钙、镁离子会生成不溶性的钙镁皂沉淀,沾污在织物表面造成斑渍,还会造成皂洗剂的浪费;在漂白过程中,硬水中铁、锰离子的存在使织物产生黄斑,直接影响织物白度,而且由于其黄斑中铁、锰离子的催化作用,还会使织物的纤维脆损;在染色过程中,如果使用硬水,绝大多数染料在硬水中都会与水中的金属离子聚合,产生色斑色点,难以去除；同样在印花制作浆料时，浆中的染料也会与水中的金属离子发生聚合，使染料难以溶解均匀，产生色点；此外，印染厂离不开蒸汽，所以蒸汽锅炉使用的锅炉水也不能是硬水，否则，硬水煮沸时产生的不溶性沉淀物会凝聚于炉胆和管道内壁而形成水垢，不仅影响热传导能力，严重时还会引起锅炉爆炸事故。

含有钙、镁重碳酸盐的硬水称为暂时硬水，可使用加热方法使重碳酸盐转变为不溶性的碳酸钙、碳酸镁盐，用沉淀法去除，达到水质软化的目的。

含有钙、镁的硫酸盐、氯化物等的水称为永久硬水，这种硬水不能通过加热的方法软化，必须通过软水剂或专门的水处理软化。

水处理的常用方法有两种，即离子交换法和化学物品软水法。如果企业没有软水处理设施，那么在印染加工时，特别是在化料（色浆）、染色等工序中必须临时采用软水剂，化料和染色时最常用的软水剂是六偏磷酸钠，一般1%的用量即可把自来水变成软水。

暂时硬水和永久硬水之和称为该水的总硬度。水的硬度单位用mg/L(ppm)表示，即每100万份水中含碳酸钙的份数。硬度为1mg/L(1ppm)表示1L水中含有1mg碳酸钙。硬水和软水常以碳酸钙的含量来划分，不同水质的碳酸钙含量见表2-1。

表2-1 不同水质的碳酸钙含量

水质名称	极软水	软水	略硬水	硬水	极硬水
硬度(mg/L)	0~15	15~50	50~100	100~200	>200

印染用水的质量标准主要包括色泽、透明度、总硬度、pH值以及某些金属离子的含量。具体的印染用水质量标准见表2-2。

对于印染用水，每天都要进行水质检验，检测时如果发现指标异常，则需要进行进一步的检测和处理，以适应印染加工的需要。

表2-2 印染用水质量要求

指　标	标　准
色度	小于10个色度单位(无混浊悬浮固体)
pH值	7~8
总硬度	染液、皂洗用水0.00~0.36mmol/L(0~18mg/L),洗涤用水2.8~3.6 mmol/L(140~180mg/L)
耗氧量	<10mg/L
含铁量	<0.1mg/L
含锰量	<0.1mg/L

2. 物质的分类和基本知识

自然界物质很多,其表现形式千差万别,有星球天体,也有我们肉眼看不见的微生物,还有像空气、水、矿石以及地球上的各种动植物,这些都属于物质的范畴,这些物质大多数是自然科学研究的对象。化学是研究物质化学变化的科学。化学变化改变了物质的组成和结构,深入了解各种物质的性质,从而能掌握并应用其发生的化学反应和化学变化的规律。从物质的形态,可以分为固态、液态和气态,根据物质的组成和结构可分为混合物和纯净物两种,具体分类如下:

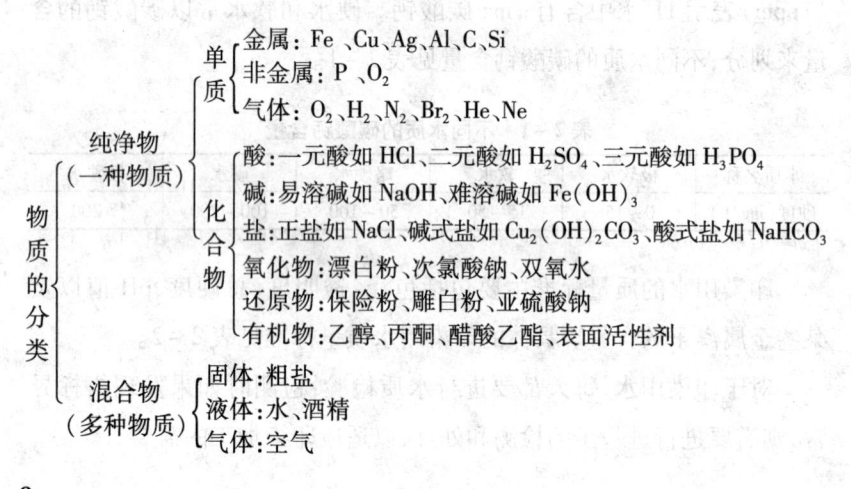

物质的分类
- 纯净物(一种物质)
  - 单质
    - 金属:Fe、Cu、Ag、Al、C、Si
    - 非金属:P、O_2
    - 气体:O_2、H_2、N_2、Br_2、He、Ne
  - 化合物
    - 酸:一元酸如HCl、二元酸如H_2SO_4、三元酸如H_3PO_4
    - 碱:易溶碱如NaOH、难溶碱如$Fe(OH)_3$
    - 盐:正盐如NaCl、碱式盐如$Cu_2(OH)_2CO_3$、酸式盐如$NaHCO_3$
    - 氧化物:漂白粉、次氯酸钠、双氧水
    - 还原物:保险粉、雕白粉、亚硫酸钠
    - 有机物:乙醇、丙酮、醋酸乙酯、表面活性剂
- 混合物(多种物质)
  - 固体:粗盐
  - 液体:水、酒精
  - 气体:空气

物质的三态(气态、液态和固态)在一定的条件下是可以互相转换的,在转化过程中其能量既不消失也不会产生,只是从一种形式转变成另一种形式,遵循能量守恒定律。上述物质分类中的名称含义如下:由同种元素组成的纯净物叫单质(自然界中有300多种);由两种或两种以上元素组成的纯净物叫化合物(约有700多万种);只由一种单质或一种化合物组成的物质,叫做纯净物。元素是单质和化合物的组成成分,体现元素的基本微粒是原子,而体现单质的基本微粒是单质的一个分子或一个原子。一种元素可以形成几种单质,这些单质在物理性质和化学性质上有着明显的不同。如氧气 O_2 和臭氧 O_3,同是氧元素组成的单质,但分子组成不同,性质也不同。氧气是无色无味的气体,臭氧是淡蓝色有鱼腥臭味的气体,臭氧比氧气的氧化性更强。单质主要有非金属单质和金属单质两大类。非金属单质是由非金属元素组成的单质,如氧气、氮气、溴、硫、磷、碳等。它们通常是气体或固体(溴是液体),一般不导电,传热性能差;金属单质由金属元素组成,如铁、铝、铜、汞等。它们通常是固体(汞是液体),有金属光泽,导电和传热性能良好,有延展性。

化合物包含酸、碱、盐、氧化物、还原物和有机物。在由两种元素组成的化合物中,如果其中一种是氧元素,则这种化合物叫做氧化物。氧化物又分为金属氧化物和非金属氧化物。金属氧化物是由氧元素与金属元素组成(如氧化镁、氧化汞),非金属氧化物是由氧元素与非金属元素组成(如二氧化碳、五氧化二磷);如果化合物是由氢离子和酸根组成的,这种化合物叫做酸(如硫酸、硝酸、盐酸);化合物由金属离子和氢氧根组成的称为碱(如氢氧化钠、氢氧化钙);由酸根和金属离子组成的化合物称为盐(如氯化钠、氯酸钾);化合物中含有碳链的称为有机物(如甲烷、乙醇、表面活性剂)。

由两种或几种不同的单质或化合物机械混合而成的物质,叫做混合物。混合物中各组分仍保持各自原有的性质。食盐归为混合物是因为其不是单一的氯化钠,还含有水分和其他物质,而氯化钠就是化合物了。同样,乙醇是有机物,但是常用酒精基本上都是含有水分的,例如含量为97%,那就是混合物了。另外,组成空气的气体有很多种,空气的恒定成分是氮气、氧气、二氧化碳以及稀有气体,它们保持各自原有的性能。

印染加工离不开水,也离不开这些化学物质。印染加工所采用的染化料、助剂都属于无机和有机化学的范畴。

3. 溶液配制

要配制溶液,首先要知道什么是溶液,什么是溶质和溶剂。一种或几种物质分散到另一种物质中形成的均一、稳定的混合物称为溶液。被溶解的物质称为溶质。能溶解其他物质的物质称为溶剂。

在印染企业的漂练、染色、印花、后整理各种加工中,凡接触到染料、助剂的机台都离不开加工工作液(溶液)的配制,传统的设备都是依托人工按处方配制加料。在人工加料中溶液的配制,需要计量工具,如磅秤、电子秤、量杯、化料桶和搅拌机等。随着科学的发展和电子计算机技术在印染领域的应用,越来越多的染整设备采用电脑自动配制加料的装置,保证了溶液配制的一致性和准确性,大大方便了各工序的化料操作。

在实验室对溶液的配制比大生产精确得多,特别是对标准溶液的配制。试验室 $0.1 \text{mol/L}\ c\left(\frac{1}{2}H_2SO_4\right)$ 标准溶液($0.1N\ H_2SO_4$)的配制方法如下:用移液管取浓硫酸(相对密度1.84)3mL,慢慢滴入存有900mL蒸馏水的1000mL容量瓶中,然后再加蒸馏水至刻度处,摇匀。作为标准溶液需要再进行标定。

标定方法：称取 0.2g 于 270~300℃ 灼烧至恒重的基准无水碳酸钠(称量精度至 0.0001g)，溶于 50mL 蒸馏水中，加 10 滴溴甲酚酞—甲基红混合指示液，用配制好的硫酸溶液滴定至溶液由绿色变为暗红色，煮沸 2min，冷却后继续滴定至溶液再呈暗红色，记录硫酸用量 V_1。同时做空白试验，记录硫酸用量 V_2。

硫酸标准溶液的浓度计算：

$$c\left(\frac{1}{2}H_2SO_4\right) = \frac{m}{(V_1 - V_2) \times 0.05299}$$

式中：$c\left(\frac{1}{2}H_2SO_4\right)$——硫酸标准溶液的浓度，mol/L；

m——无水碳酸钠的用量，g；

V_1——硫酸溶液的用量，mL；

V_2——空白试验硫酸用量，mL；

0.05299——无水碳酸钠的毫摩尔质量，g/mmol。

又如 1mol/L 盐酸[$c(HCl)$]标准溶液的配制，吸取盐酸 90mL 注入 1000mL 水中摇匀。用无水碳酸钠进行标定。称取 1.6g 于 270~300℃ 灼烧至恒重的基准无水碳酸钠(称量精度至 0.0001g)，溶于 50mL 蒸馏水中，加 10 滴溴甲酚酞—甲基红混合指示液，用配制好的盐酸溶液滴定至溶液由绿色变为暗红色，煮沸 2min，冷却后继续滴定至溶液再呈暗红色，记录盐酸用量 V_1。同时做空白试验，记录盐酸用量 V_2。

盐酸标准溶液的浓度计算：

$$c(HCl) = \frac{m}{(V_1 - V_2) \times 0.05299}$$

式中：$c(HCl)$——盐酸标准溶液的浓度，mol/L；

m——无水碳酸钠的用量，g；

V_1——盐酸溶液的用量，mL；

V_2——空白试验盐酸用量,mL;

0.05299——无水碳酸钠的毫摩尔质量,g/mmol。

$c(NaOH)$ 0.1mol/L 标准溶液的配制方法如下:称取100g氢氧化钠放入100mL容量瓶中,再加水至100mL刻度,摇匀,密闭放置至溶液清澈。用吸管吸取5mL澄清的氢氧化钠饱和溶液注入1000mL的容量瓶中,加入不含二氧化碳的水中摇匀。

标定方法:称取0.6g在105~110℃烘至恒重的邻苯二甲酸氢钾,溶于50mL无二氧化碳的水中,加入两滴酚酞指示液,用配制好的氢氧化钠溶液滴定至溶液呈粉红色,记录氢氧化钠使用量V_1。同时再做一个空白试验,记录氢氧化钠用量V_2。

氢氧化钠标准溶液的浓度计算:

$$c(NaOH) = \frac{m}{(V_1 - V_2) \times 0.2042}$$

式中:$c(NaOH)$——氢氧化钠标准溶液的浓度,mol/L;

m——邻苯二甲酸氢钾的质量,g;

V_1——氢氧化钠溶液的用量,mL;

V_2——空白试验氢氧化钠用量,mL;

0.2042——邻苯二甲酸氢钾的毫摩尔质量,g/mmol。

大生产中,给水洗机的皂洗槽配制2g/L的皂洗剂,皂洗槽水容量700L,根据计算需要加入1.4kg皂洗剂。然后用电子秤称取皂洗剂1.4kg慢慢加入皂洗槽。续加时根据工艺规定的间隔时间加入需要的量。

对于连续水洗设备自动加料系统的助剂的加料法,则需要设定电脑参数,例如2g的皂洗剂进入皂洗槽,就必须边加料边加水,就是说加料2g,同时加水998g,使皂洗液浓度始终在2g/L。这是根据槽内的水位低于正常值时,在需要补充水的同时也需要加入皂洗剂的原理进行操作的,水和皂洗剂同步添加。同时可以通过水表添加的水和用掉的皂洗剂检测加料的正确性。自动加料除设定参数外,关键是在运作过程中观测助剂耗用量的正确性。

又如定形机需要用软片来化柔软剂,则要经过两道化料工序才能使用。第一步先把软片开稀、溶胀,充分溶解后再配制工作液,同时要注意软片是冷水化片(室温水)还是热水化片(70~80℃),注意软片需要溶胀的时间,保温4~8h才能充分溶胀溶解。开稀料需要注意保存的有效时间。溶液用水为软水,pH值为6~7。化软片时,如需化料500kg,开软片的浓度为10%。在带有搅拌机和加热管的料桶内,先在料桶内放入2/3的水,加热到一定的温度(化软片所需要的温度),然后把软片量(50kg)在搅拌下徐徐倒入料桶,再加水到500L,保温搅拌4h以上可用。配制工作液按需要浓度,例如2.5%(对软液)的用量配制,需要配制800L工作液。在配料桶内加入2/3的水,再加入刚才开稀的软液20kg(设软片液的相对密度为1),边搅拌边加入,然后加水到800L的位置,搅拌均匀即可直接加到轧槽连续使用。

使用液体助剂时,先用小桶把需要的助剂称量好,润湿、稀释助剂,可以在高位槽配液桶中先加入1/3的水(按温度要求加热或不加热),开启搅拌机,用小桶预先润湿稀释的助剂,慢慢倒入大桶中充分搅拌均匀,加水到规定的量,检查是否有未溶解的小颗粒,注意必须完全溶解,否则会产生斑渍。配制助剂时要用醋酸调节pH值在适合的范围,防止某些助剂产生漂油。

同一处方中有几种助剂混用,必须按照规定的加料顺序化料,最好将逐个助剂稀释后再混合,坚决杜绝高浓的助剂直接混合倒入水中,而应该先在配液桶内加水,在搅拌状态下,慢慢地将稀释的高浓液体倒入水中。

在配制助剂溶液时,遇到腐蚀性酸液、碱液,需要戴好防护用品,例如手套、眼镜等。配制硫酸溶液,必须将硫酸缓缓倒入水中,杜绝将水倒入硫酸中,否则会产生爆炸。配制好的助剂加入水槽时均应该在缓慢低速搅拌下经过过滤网过滤,从有孔淋管流入轧槽,注意水槽加料量和轧槽的液面高低,使得在生产过程中轧槽的液面始终保持在同一水平。

4. 化学反应、化学方程式平衡

染整加工的过程,也是化学反应的过程,是染料和纤维结合的过程。任何化学反应都可以用一个化学方程式来表示。方程式不仅表达了物质在质的方面的变化关系,即什么是反应物质,什么是生成物质,而且还表达了物质在量的方面的变化关系,即反应物质和生成物质的质量关系,同时包括反应物质和生成物质的微粒个数关系,这是有关化学方程式计算的理论依据。基本上有以下几种计算方法,第一是已知反应物的质量求生成物的质量;第二是已知生成物的质量求反应物的质量;第三是已知一种反应物的质量求另一种反应物的质量;第四是已知一种生成物的质量求另一种生成物的质量。根据反应物和生成物的类别以及反应前后物质种类的不同,一般化学反应可以分为化合反应、分解反应、置换反应和复分解反应。

化合反应表达通式:

$$A + B + (C) = AB(C)$$

式中:A、B、C可以是单质或化合物,而生成的AB(C)必须是化合物。化合反应可以是单质与单质,例如:

$$2H_2 + O_2 \xrightarrow{\text{点燃}} 2H_2O$$

也可以是单质与化合物,例如:

$$O_2 + 2CO \xrightarrow{点燃} 2CO_2\uparrow$$

还可以是化合物与化合物,例如:

$$CaO + H_2O = Ca(OH)_2$$

三种物质反应也可以生成化合物:

$$CaCO_3 + H_2O + CO_2 = Ca(HCO_3)_2$$

分解反应表达通式:

$$AB(C) = A + B + (C)$$

式中:AB(C)必须是化合物,A、B、C 可以是单质或化合物。分解反应是在一定的条件下使一种化合物分解成两种以上单质或化合物的反应。例如:

$$2KClO_3 \xrightarrow[MnO_2]{加热} 2KCl + 3O_2\uparrow$$

氯酸钾在有二氧化锰存在的情况下加热分解成氯化钾(化合物)和氧气(单质)。

$$CaCO_3 \xrightarrow{加热} CaO + CO_2\uparrow$$

碳酸钙(化合物)在受热状态下分解成氧化钙(化合物)和二氧化碳(化合物)。

$$2H_2O \xrightarrow{通电} 2H_2\uparrow + O_2\uparrow$$

水在通电状态下发生电离,分解成氢气(单质)和氧气(单质)。

$$Cu_2(OH)_2CO_3 \xrightarrow{加热} 2CuO + H_2O + CO_2\uparrow$$

碱式碳酸铜加热分解成氧化铜(化合物)、水(化合物)和二氧化碳(化合物)。

置换反应表达通式：

$$A + BC = AC + B$$

式中：A、B必须为单质，BC、AC必须为化合物。置换反应是一种金属置换化合物中的另一种金属，通常活泼金属可以置换化合物中的不活泼金属；还有金属和非金属的置换反应以及非金属和非金属的置换反应。例如：

金属和金属：

$$Fe + CuSO_4 = FeSO_4 + Cu$$

金属和非金属：

$$Zn + H_2SO_4 = ZnSO_4 + H_2\uparrow$$

非金属和非金属：

$$H_2O + C \xrightarrow{高温} H_2 + CO\uparrow$$

复分解反应表达通式：

$$AB + CD = AD + CB$$

式中：AB、CD、AD、CB必须为化合物。因为复分解反应是化合物和化合物之间的反应。复分解反应有碱性氧化物和酸的反应，酸性氧化物和碱的反应，酸和碱的反应，这三者都生成盐和水；另外，酸和盐反应，生成新盐和新酸；碱和盐反应，生成新碱和新盐；盐和盐反应，生成新盐。例如：

碱性氧化物 + 酸：

$$CuO + H_2SO_4 = CuSO_4 + H_2O$$

氧化铜中的铜离子置换了硫酸中的氢离子，生成硫酸铜和水。

酸性氧化物 + 碱：

$$CO_2 + Ca(OH)_2 = CaCO_3\downarrow + H_2O$$

酸 + 碱：

$$H_2SO_4 + Mg(OH)_2 = MgSO_4 + 2H_2O$$

酸 + 盐：

$$H_2SO_4 + BaCl_2 = BaSO_4\downarrow + 2HCl$$

碱 + 盐：

$$Ba(OH)_2 + Na_2SO_4 = BaSO_4\downarrow + 2NaOH$$

盐 + 盐：

$$CaCl_2 + Na_2CO_3 = CaCO_3\downarrow + 2NaCl$$

根据氧化还原原理，也可以把化学反应分成氧化反应和还原反应两大类。即根据反应中物质是否得到氧或失去氧来判断。物质在反应中得到氧的，叫氧化反应；物质在反应中失去氧的，叫还原反应。

5. 溶液浓度、溶解度及计算方法

溶液浓度的定义：一定量的溶液里所含溶质的量，叫做这种溶液的浓度。同一种溶液，使用不同的标准，它的浓度就有不同的表示方法。一般可归纳成两大类。一类是质量浓度，即表示一定质量的溶液里溶质和溶剂的相对量，例如质量摩尔浓度、质量分数、质量(g/L)浓度等；另一类是体积浓度，表示一定体积的溶液中所含溶质的量，例如物质的量浓度、体积分数等。

质量摩尔浓度：溶质 B 的质量摩尔浓度(m_B)用溶液中溶质 B 的物质的量除以溶剂的质量来表示。它在 SI 单位中表示为摩尔每千克(mol/kg)。质量摩尔浓度常用来研究难挥发的非电解质稀溶液的性

质,如蒸气压下降、沸点上升、凝固点下降和渗透压等。

物质的量浓度(mol/L):以单位体积溶液里所含溶质 B 的物质的量来表示溶液组成的物理量,叫做溶质 B 的物质的量浓度。B 物质的量浓度的符号为 c_B。需要注意的是溶质的量是用物质的量来表示的,不能用物质的质量来表示。

物质的量浓度(mol/L) = 溶质的物质的量(mol)/溶液的体积(L)

1mol/L NaCl 溶液中:

$$c(Na^+) = 1mol/L$$

$$c(Cl^-) = 1mol/L$$

1mol/L H_2SO_4 溶液中:

$$c(H^+) = 2mol/L$$

$$c(SO_4^{2-}) = 1mol/L$$

1mol/L $Ba(OH)_2$ 溶液中:

$$c(Ba^{2+}) = 1mol/L$$

$$c(OH^-) = 2mol/L$$

体积分数:用溶质(液态)的体积占全部溶液体积的百分比来表示的浓度,叫做体积分数。体积分数只在对浓度要求不太精确时使用。例如60%的乙醇溶液,表示100mL溶液里含有乙醇60mL。

$$体积分数 = \frac{溶质毫升数}{溶剂毫升数 + 溶质毫升数} \times 100\%$$

质量分数:用百分数表示 100 份质量的溶液中溶质质量的份数。如10%的食盐水,表示100g食盐水中有10g食盐,90g水。其计算方法为:

$$质量分数 = \frac{溶质克数}{溶剂克数 + 溶质克数} \times 100\%$$

质量(g/L)浓度：用 1L 溶液里所含溶质的克数来表示的溶液浓度，叫做质量(g/L)浓度。例如，在 1L 氢氧化钠溶液中含有氢氧化钠 200g，氢氧化钠溶液的质量(g/L)浓度就是 200g/L。

波美度(°Bé)也是表示溶液浓度的一种方法。把波美比重计(也称为液体比重计)浸入所测溶液中，得到的度数叫波美度。波美比重计有两种，一种用于测量比水重的液体，称为重表；另一种用于测量比水轻的液体，称为轻表。测得该液体的波美度后，从相应化学手册的对照表中可以方便地查出溶液的质量分数。丝光用碱浓度常用波美度表示。波美度操作方便，所以在生产上常用波美度表示溶液的浓度，并进行在线测试。波美度与密度的关系：

对于相对密度大于水的液体：

$$密度 = 144.3/(144.3 - °Bé)$$

对于相对密度小于水的液体：

$$密度 = 144.3/(144.3 + °Bé)$$

在印染企业中溶液浓度使用较多的表示方法是质量(g/L)浓度或质量分数。例如轧槽中 1L 水中含有 30g 固色剂，可用 30g/L 也可以用 3% 表示该溶液的浓度。

溶解度：在一定温度下，某物质在 100g 溶剂里达到饱和状态时所溶解的克数，叫做这种物质在这种溶剂里的溶解度。溶解度一般用符号 S 表示。所以，溶解度的计算公式为：

$$S = \frac{溶质在饱和溶液中的质量}{该饱和溶液中溶剂的质量} \times 100g$$

溶解度和溶解是两个概念，溶解度是物质在 100g 溶剂中的最大溶解能力。溶解度的定义包含四个因素,即在一定温度下,溶剂标准为100g溶剂,溶液状态为饱和状态,溶解度单位为克。根据物质在溶剂中的溶解能力可将物质分为四类,难溶物质($S<0.01g$),微溶物质($0.01g<S<1g$),可溶物质($1g<S<10g$),易溶物质($S>10g$)。作为印染助剂和染料,溶解度越大越好。例如某只活性染料的溶解度为10g,说明这只活性染料在25℃时1L水中只能溶解100g染料,再多加染料就会析出沉淀。每只染料和助剂的溶解度都是有限度的,最大使用量显然只能控制在溶解度范围以内。而溶解是指一种物质(溶质)均匀地分散在另一种物质(溶剂)中形成溶液的过程。

溶质的质量分数指溶质的质量与溶液的质量之比。溶液中溶质质量分数的计算可以有几种方法,一是已知溶质和溶液的质量,求溶液的质量分数。二是已知溶液的质量和它的质量分数,求溶液里所含溶质和溶剂的质量。三是将一已知浓度的溶液加入一定量的水进行稀释,或加入固体溶质,求稀释后或加入固体后的溶液的质量分数。

例1:现有100g溶质质量分数为15%的过氧乙酸溶液,欲配制成溶质质量分数为1.5%的溶液,需加水多少克?

解:设需加水质量为x,则:

$$100g \times 15\% = (100g + x) \times 1.5\%$$

$$x = 900g$$

例2:用98%的浓硫酸配制2000g 20%的稀硫酸,需浓硫酸和水各多少毫升?

解:设需浓硫酸的质量为x,则:

$$2000g \times 20\% = x \times 98\%$$

$$x = 408.2g$$

$$浓硫酸体积 = \frac{408.2g}{1.84g/mL} = 221.8mL$$

$$水的体积 = \frac{2000g - 408.2g}{1g/mL} = 1591.8mL$$

在实际生产中溶液浓度的计算方法,因使用场合和作用的不同其配方精度也不尽相同。例如,对于染料的称量,试验室分析精度为0.0001g,打样精度为0.001g,而大生产的称料精度0.01g即可。这是由所需要的数量和作用决定的。对于大生产的助剂来说,染色或印花处方中的助剂称量精度1.0g即可。

二、染化助剂基础知识

1. 染料的命名

绝大多数染料都是结构复杂的有机化合物,其化学名称十分繁复和冗长,同时,学名仍然不能反映出染料的颜色和应用性能,所以实际上染料都不用它的学名来称呼,而是根据实际应用,采用属名、色名和符号来命名一个染料。染料的属名有普通属名和专用属名两种。普通属名各国各厂都可采用,例如活性、还原、分散、酸性、阳离子、直接等。而专用属名是染料生产厂自己定的染料名称。这样往往同一种结构的染料其商品名称会有多种,同样是分散染料,有福隆(Foron)、汽巴绥脱(Cibacet)、大爱尼克司(Dianix)等。我国染料制造商多采用普通属名。染料的色名表示染料的基本颜色,如黄、橙、红、蓝、绿、青、紫、咖、黑等,有时为了区别同类色色泽上的差异,往往在名称上再加一些形容词予以区分。如天蓝、翠蓝、深蓝、海蓝、嫩黄、姜黄、浅黄等。

不少染料的属名和色名都相同,而化学结构不同,在这种情况下,用染料的尾注符号予以区别。尾注符号内容包含色光、力份、牢度等,通常用英文字母表示。染料尾注常用字母及其含义见表2-3,第一类字母是表示染料色光和颜色的品质的,第二类字母是表示染料的性质和用途的,第三类字母(有时是多个字母)是表明染料的形态、强度和力份的。

表2-3 染料命名中字母的含义

字母	所带的色光	字母	性质和用途	字母	形态、强度、力份
B	蓝光、青光	C	耐氯,棉用	Pdr	粉状
G	绿光	I	相当于还原染料坚牢度	F	细粉
R	红光	K	冷染,活性染料的高温型	Micro Pdr	细粉状
F	色光纯正	L	耐光牢度或匀染性好	Gr	粒状
D	深色、稍暗色	M	拼色染料	Liq	液状
T	深色	N	新型或标准	Pst	浆状
V	紫光	P	适于印花	Conc	浓
Y	黄光	X	高浓度	M.d	分散细粉
O	橙光	E	匀染性好	Ex. Conc	超浓
—	—	F	坚牢度好	S.f	超细粉
—	—	S	易溶解或升华牢度好	D. Pst	双倍浓染料浆
—	—	W	适于羊毛	—	—
—	—	H	热染或耐热性好	—	—
—	—	U	适合染混纺交织	—	—

2. 常用染料的分类和适用纤维

常用染料的分类和适用纤维见表2-4。

表2-4 常用染料的分类和适用纤维

染料名称	主要性能	适用纤维
活性染料	能直接溶于水,使用方便,色谱齐全,价格适中,湿处理牢度优良	纤维素纤维、羊毛、蚕丝、氨纶
还原染料	不能直接溶于水,使用烦琐,色谱不全,色泽浓艳,价格昂贵,色牢度优良	纤维素纤维、维纶、氨纶、涤纶

续表

染料名称	主要性能	适用纤维
可溶性还原染料	能直接溶于水,使用方便,色谱不全,色泽淡艳,价格昂贵,色牢度优良	纤维素纤维
硫化染料	不能直接溶于水,使用烦琐,色谱不全,色泽浓暗,价格低廉,色牢度良好	纤维素纤维
直接染料	能直接溶于水,使用方便,色泽浓艳,色谱齐全,价格便宜,色牢度较差	纤维素纤维、氨纶、蚕丝、羊毛、锦纶
分散染料	微溶于水,染色困难,色谱齐全,色泽较艳,价格较高,色牢度优秀	聚酯纤维、醋酯纤维、锦纶、氨纶
酸性染料	能直接溶于水,使用方便,色谱齐全,色泽较艳,价格适中,色牢度良好	羊毛、蚕丝、聚酰胺纤维、氨纶
酸性媒介染料	能直接溶于水,使用方便,色谱齐全,色泽较暗,价格适中,色牢度优良	羊毛、蚕丝、聚酰胺纤维、氨纶
阳离子染料	能直接溶于水,使用方便,色谱齐全,色泽浓艳,价格适中,色牢度优良	聚丙烯腈纤维
不溶性偶氮染料	不能直接溶于水,使用烦琐,色谱不全,色泽浓艳,价格低廉,色牢度良好	纤维素纤维、氨纶
涂料	色谱齐全,使用方便	任何纤维

3. 常用染料的基本性能和洗涤要求

(1)活性染料:活性染料的分子结构中含有一个或多个活性基,活性染料按需要染色的工艺条件不同可分为高温型(K型)、中温型(KN型)和低温型(X型)三种。广泛适用于纤维素纤维的染色和印花。活性染料的结构可以用以下通式表示:S—D—T—X。其中S是水溶性基团,D是染料母体,T是连接基,连接染料母体和活性基,X是活性基。活性基是活性染料的主体,决定着活性染料的染色性能。活性染料按上染条件不同分为高温型(90℃)、中温型(60℃)、低温型(40℃)活性染料。活性染料的活性基,决定了它的反应速度。活性染料性能见表2-5。

表2-5 活性染料的性能

活性基	反应性	印浆稳定性	固色条件		
			pH值	温度	时间
二氯均三嗪 氟氯嘧啶 一氟均三嗪 乙烯砜 一氯均三嗪 三氯嘧啶	高 ↓ 低	差 ↓ 好	低 ↓ 高	低 ↓ 高	短 ↓ 长

从表2-5中可以看出,用于印花的活性染料应该是反应性低、色浆稳定性好的。可用于棉布、棉氨纶、莫代尔、人造丝、黏胶纤维、天丝等织物的染色和印花。活性染料的发展很快,不仅在纤维素纤维上广泛使用,而且已经从纤维素纤维染色扩展到了蛋白质纤维和高温高压条件下的染色。

活性染料与纤维素纤维结合的原理如式(2-1):

$$D{<}_R^{Cl} + CellO^- \longrightarrow D{<}_R^{CellO^-} + Cl^- \qquad (2-1)$$

活性染料　纤维素纤维　　　　染料与纤维结合

纤维素纤维在碱性介质中呈离子化的阴离子状态,取代了活性染料上的活性基,使纤维和染料形成共价结合。然而,活性染料在碱性介质中也会水解,只是由于水也是一种阴性试剂,其中的[OH^-]离子取代了活性染料中的[Cl^-]位置,使染料产生不可逆的水解,见式(2-2)。

$$D{<}_R^{Cl} + OH^- \longrightarrow D{<}_R^{OH} + Cl^- \qquad (2-2)$$

活性染料　碱剂　　　　水解染料

(2)还原染料:还原染料色泽鲜艳,色谱齐全,具有优异的色牢度。还原染料是大多数分子结构中含有羰基的不溶于水的染料,但是由于价格比较贵,只用做特种色牢度要求的浅色染色、直接印花(例如军用迷彩印花)和拔染印花的色浆。还原染料不溶于水,必须在碱性介质中在强还原剂存在的条件下还原成隐色酸钠盐后才能溶于水,隐色酸钠盐对纤维素纤维具有亲和力和直接性,并能上染纤维,还原染料印花后,还是以隐色酸的形态存在,经过蒸化后完成染料的溶解、转移和还原,使隐色酸钠盐还原为原来不溶状态的染料并固着在纤维上,蒸化后直观的色光还不是还原染料的本色,需要进一步还原皂洗,使染料充分氧化并洗去浮色。还原染料的印花就是根据这一原理进行的,印花蒸化后再经过氧化皂洗,恢复成不溶状态的还原染料固着在纤维上。

还原染料可用于棉布、棉氨纶、莫代尔、人造丝、黏胶纤维、天丝等织物的染色和印花。还原染料微粒分散状态时对棉纤维没有亲和力,其与分散染料具有相同的性质,对涤纶具有亲和力。还原染料的这一性质,使其可以用于涤棉混纺织物的染色和印花,但是染色后浮色的去除还是要通过还原氧化过程。还原染料直接印花只用在军用迷彩服上,因为军用迷彩服需要很好的日晒牢度,这是其他染料无法达到的。在印花领域使用最多的是还原染料的拔染印花。

还原染料印花的水洗工艺:

冷水喷淋→空气氧化(或加氧化剂过硼酸钠、双氧水 1g/L)→热水洗(60℃)→还原清洗(85~90℃,皂洗剂 2g/L,15~20min)→热水洗(60℃)→室温水洗→脱水烘干

(3)直接染料:直接染料在没有任何助溶剂的状态下可以直接溶解在水里,那是因为染料分子中含有带多个磺酸基的水溶性基团。在上染纤维时只要在盐和高温状态下就能直接上染纤维。直接染料绝大部分是线型大分子染料,而纤维素纤维也是大分子结构,直接染料印花后的蒸化过程,可以看做是一个特殊的染浴,这个染浴是在湿热蒸汽中形成的,湿热蒸汽使纤维吸收水分膨化,使色浆吸收水分变得润湿,直接染料借助此染浴,被吸附在纤维上,越聚越多,然后又会解吸一部分染料,纤维通过这样不断的吸附和解吸使染料上染纤维,并且达到动态平衡,这也导致直接染料较其他染料需要更长的蒸化时间。所以,直接染料与纤维素纤维之间的结合是通过分子间的范德华力实行的共平面结合。直接染料的这一性能也决定了染料在水洗时的色牢度问题,易染也易下,下来的染料还会沾污纤维,所以必须通过阳离子固色剂和染料分子中的磺酸基发生离子键结合,封闭染料的水溶性基团,使已经上染纤维的染料失去解吸基团而达到固色的目的。一部分直接染料还可以用于蛋白质纤维的印染,那是因为在酸性条件下(蛋白质纤维的等电点以下)染料分子中的磺酸基可以和蛋白质纤维分子中的阳离子氨基发生离子键反应。离子键结合的牢度优于直接染料和纤维素纤维之间的范德华力。可用于棉布、棉氨纶、莫代尔、

人造丝、黏胶纤维、天丝等织物的染色和印花。

(4)分散染料:分散染料是分子中含有极性基团的非离子型低水溶性染料。分散染料根据其染色性能不同分为高温型(S型)、中温型(SE型)和低温型(E型)三种。高温型分散染料升华牢度较好,扩散性较差,主要用于聚酯纤维的热熔法染色和印花;低温型分散染料刚好与高温型相反,升华温度低而扩散性好,一般用于聚酯纤维的吸尽法染色,具有较好的匀染性。中温型分散染料介于这两者之间,个别特深色染料也可用于印花,但是要考虑到拼色效应。如果同时混用的话,那么在蒸化过程中有的染料就会因升华而变色或色浅,使印花工艺处于不稳定状态或失控状态。分散染料分子中含有极性基团,例如羟基、氨基、甲氧基、乙氧基、二乙醇胺等,分散染料在高温(130℃)状态下,染料和聚酯纤维的结合主要是依靠分子间的范德华力作用而相互吸引,染料上的极性基和聚酯纤维上的吸电子基团($C=O$)可以形成氢键结合。

$$O_2N--N=N--N-H\cdots O-C-CH_2-Cell$$
$$\phantom{O_2N--N=N--N-}H\| $$
$$\phantom{O_2N--N=N-}\quad\quad\quad\quad\quad\quad\quad\quad O$$

分散染料　　　　　　　　　　　**聚酯纤维**

分散染料水洗工艺流程:

冷水洗→还原清洗(90~95℃,烧碱2g/L、纯碱3g/L或保险粉3g/L,10~15min)→热水洗(80℃,10min)→室温水洗→轧水→烘干

(5)酸性染料:酸性染料是染料品种最多的一种,是分子结构中带有酸性基团的水溶性染料,以磺酸钠盐或羧酸钠盐的形式存在。酸性染料色泽艳丽、色谱齐全。酸性染料根据染色性能可以分为强酸性染料、弱酸性染料和中性染料。强酸性染料的分子结构最为简单,分子

上的水溶性基团比例高,所以强酸性染料的溶解度很好,常温下在水中呈离子状态溶解。在pH值2.5~4的染浴中对羊毛上染,有很好的匀染性,优良的耐日晒牢度,但色牢度较差。弱酸性染料分子中的水溶性基团相对强酸性染料要少,在常温水溶液中呈现胶体分散状态。在pH值4~5条件下进行染色。湿处理牢度比较好,但匀染性较强酸性染料更差。中性染料的分子结构更为复杂,水溶性基团相对前者更少,溶解度更低,在常温下主要以胶体状态存在,需要高温及助溶剂存在才能溶解。对羊毛的亲和力更高,在pH=6~7的染浴中染色。三种酸性染料性能见表2-6。

表2-6 酸性染料性能

染料名称	溶解性	匀染性	湿处理牢度
强酸性染料	高	很好	差
弱酸性染料	中	中	中
中性染料	低	差	好

传统的酸性染料被大量用于蚕丝和羊毛的染色印花。后来随着锦纶的面世,酸性染料中的弱酸性染料成为锦纶染色的首选。酸性染料上染蛋白质纤维是酸性染料在水中呈离子状态[D^-],蛋白质纤维在酸性浴中氨基和羧基发生离解,形成[NH_3^+]和[COO^-]两性离子。在酸浴pH值降低的情况下羊毛带正电荷,同时染浴中还有促染剂冰醋酸[H^+]和[CH_3COO^-]离子,染料阴离子[D^-]与蛋白质纤维上的[NH_3^+]结合。

$$\begin{array}{c}NH_3^+\\|\\W\\|\\COO^-\end{array} \underset{}{\overset{H^+}{\rightleftharpoons}} \begin{array}{c}NH_3^+\\|\\W\\|\\COOH\end{array} \underset{}{\overset{CH_3COO^-}{\rightleftharpoons}} \begin{array}{c}NH_3^+\ Cl^-\\|\\W\\|\\COOH\end{array} \underset{}{\overset{D^-}{\rightleftharpoons}} \begin{array}{c}NH_3^+\ D^-\\|\\W + Cl^-\\|\\COOH\end{array}$$

酸性染料印花后的水洗工艺：

冷水洗→冷水洗→热水洗(50℃,洗涤剂 2g/L,10min)→热水洗(50℃,洗涤剂 2g/L,10min)→固色(酸性固色剂 3~5g/L,55℃)→室温水洗(5min)→脱水烘干

酸性染料印花后水洗时容易沾色，必须在前面的两道冷水洗涤时把浮色和浆料尽量冲洗干净。

(6)阳离子染料：阳离子染料以前称为碱性染料，随着腈纶的出现，人们对碱性染料做了改进，成为了腈纶的专用染料，那就是阳离子染料。后来，在阳离子染料的基础上，又发展出了分散型阳离子染料。分散型阳离子染料实际上是将传统的阳离子染料上的阴离子部分(例如氯离子、醋酸根等)用相对分子质量较大的萘磺酸、二硝基苯磺酸等置换，将原来的水溶性基团封闭成络合物。分散型阳离子染料在染浴中几乎呈现非离子状态，可与分散染料、阴离子染料同浴一步法染色，也可染改性涤纶。随着印花需求的增加，阳离子染料还开发了一组专门用于拔染印花的地色染料和印花色浆用染料。阳离子地色染料不耐氯化亚锡还原剂，而色浆是耐还原剂的，但色谱不全，只能用三原色拼色，给配色带来困难。腈纶印花产品在纺织品印染中只占很少一部分，使用拔染印花工艺的就更少了。阳离子直接印花的染料色谱齐全、色泽鲜艳。阳离子染料和腈纶之间的结合是离子键结合。阳离子染料上染腈纶，是由于带羧基和磺酸基的腈纶上的酸性基团在汽蒸条件下离解，使纤维表面带负电荷，腈纶表面的负电荷与阳离子染料主要以盐式键结合，达到印花的目的。

$$腈纶—COOH \rightarrow 腈纶—COO^- + H^+$$

$$腈纶—COO^- + D^+ \rightarrow 腈纶—COOD$$

$$腈纶—SO_3H \rightarrow 腈纶—SO_3^- + H^+$$

$$腈纶—SO_3^- + D^+ \rightarrow 腈纶—SO_3D$$

阳离子染料印花的水洗工艺：

印花→蒸化→水洗（50~60℃，洗涤剂 2g/L，15~25min）→固色（固色剂 5~10g/L，50~60℃，5min）→脱水→烘干→定形→柔软→检验→卷装→入库

（7）不溶性偶氮染料：不溶性偶氮染料是由偶合剂（色酚打底）和重氮化的芳香胺化合物（显色剂），在织物上偶合生成色淀，机械地固着在棉纤维上。不溶性偶氮染料色光鲜艳、得色量高。皂洗牢度良好，日晒牢度和摩擦牢度较差。

（8）稳定不溶性偶氮染料：稳定不溶性偶氮染料是指色酚和经过稳定化处理的重氮化色基的混合物，色浆不会发生偶合，只有在一定的条件下色酚和色基才会发生偶合，可用于直接印花而无须打底。稳定不溶性偶氮染料有三种，快色素、快胺素（含中性素）和快磺素。快胺素因为印花后需要在醋酸或甲酸中汽蒸发色，对设备具有极大的腐蚀性，已经不使用了。这类染料都需通过印花、显色，然后再进入水洗过程。

色酚、色基及稳定不溶性偶氮染料的结构因有不少含有 24 种芳香胺禁用染料而被淘汰。因此，这些工艺现已很少采用。

（9）棉布防染印花：棉布的防染印花有多种方式，其中较常用的工艺有活性染料地色的防染印花、还原染料地色的防染印花和可溶性还原染料地色的防染印花。防染印花是先印花后染色。在印花色浆中加入防染剂，从而获得色地白花、色地彩花。前者称为防白，后者称为色防。

活性染料地色的防染印花是以涂料为印花色浆，在色浆中加入硫酸铵，使地色活性染料在印花部分失去与纤维素结合的条件，达到防染的目的。

还原染料地色的防染印花是利用还原染料隐色体遇酸即转化为与纤维亲和力很小的隐色酸,失去对纤维反应的能力,从而达到防染的目的。

可溶性还原染料地色的防染印花常用于大面积浅地色的印花布,色防的染料为还原染料和稳定不溶性偶氮染料,防染工艺可以先轧染后印花,也可以先印花后轧染。防白印花的防白色浆根据防染剂的不同有以下几种:大苏打防白浆、醋酸钠防白浆、雕白粉碱剂防白浆、雕白粉纯碱明胶防白浆和聚乙烯吡咯烷酮大苏打防白浆。色防浆中的染料是还原染料,色浆中足够的雕白粉和碱剂起到防染的作用。

(10)活性染料与还原染料同印:该工艺比较少运用,以前只在防染苯胺黑地色时才用,现已禁用。还原染料用在细茎、小泥点的花型上效果较好,同时和活性染料碰印或叠印也不会产生第三色。

(11)涂料:涂料是与染料完全不同的一种颜料,涂料不溶于水,对任何纤维都没有亲和力,涂料最主要的技术指标是粒径的大小,用于印花最合适的涂料粒径在 $0.2 \sim 0.4 \mu m$ 范围内。涂料印花实际上是通过一种黏合剂把涂料均匀地粘在织物上面,焙烘后黏合剂互相交联把涂料牢固地固定在织物上。所以涂料印花几乎适用于所有的织物。唯一的区别是在不同的织物上印花的摩擦牢度会出现差异,有的面料采用涂料印花达不到需要的牢度。涂料印花也是混纺纤维印花的最佳手段,因为涂料的发色对纤维没有选择性。而且涂料印花工艺简单,工序少、时间短、成本低,因而大量地应用于各种纺织品的印花。

4.常用助剂的分类和基本用途

印染常用助剂多达几百种,一般常根据助剂的性能或用途分类。

按助剂性能分类
- 酸　类：硫酸、盐酸、甲酸、醋酸、草酸、柠檬酸、石炭酸、单宁酸
- 碱　类：烧碱、纯碱、碳酸钾、小苏打、硫化碱、氨水、水玻璃、三乙醇胺、乙二胺
- 氧化剂：漂白粉、次氯酸钠、亚氯酸钠、双氧水、过氧化钠、过硼酸钠、氯酸钠、亚硝酸钠、硫酸铜、防染盐 S
- 还原剂：保险粉、雕白粉、亚硫酸钠、大苏打、氯化亚锡、蒽醌
- 盐　类：元明粉、食盐、醋酸钠、硫酸铝、硫酸铵、碳酸铵、重铬酸铵、氯化钾、磷酸三钠、六偏磷酸钠、硼砂、重铬酸铵
- 无机颜料：金粉、银粉、钛白粉、滑石粉、炭黑、膨润土、锌氧粉
- 有机溶剂：酒精、氯乙醇、丙酮、甘油、火油、四氯化碳、甲苯、二甲苯、尿素、硫脲、醋酸乙酯、醋酸丁酯、松节油
- 表面活性剂：肥皂、太古油、平平加、匀染剂、渗透剂、洗涤剂、净洗剂、烷基磺酸钠、乳化剂、抗静电剂

除了以上这些，还有黏合剂、防水剂、软水剂、退浆剂、浆料、糊料、固色剂、特种整理剂等。其中每一类中还有很多个品种，这里不一一列举了。

按助剂用途分类
- 前处理助剂：退浆剂、除油剂、氧漂精练剂、分散剂、煮练剂、渗透剂、烧碱、双氧水、螯合分散剂、快速润湿剂、碱减量促进剂、高效净洗酶
- 染色助剂：匀染剂、固色剂、还原剂、修补剂、酸中和剂、碱剂、盐、防泳移剂
- 印花助剂：糊料、酸、碱、还原剂、黏合剂、甘油、火油、增稠剂
- 水洗助剂：氧化剂、皂洗剂、螯合分散剂、防沾污剂、固色剂、碱、还原剂
- 后整理助剂：柔软剂、防沾污剂、防静电剂、起毛油、平滑剂、软片、特种整理剂、阻燃剂

5. 常用助剂的使用方法

染整加工中，对于大多数表面活性剂类助剂，需要按工艺处方定量使用。添加液体助剂时需要先用水把助剂稀释，然后再慢慢加到槽中或容器中；如果是固体助剂，那么就要先用热水（根据化料需要）化

开成溶液,然后按照液体助剂的添加方法进行操作;对于酸、碱等具有腐蚀性的助剂,在操作时必须佩戴劳动防护用品,操作时禁止液体接触皮肤。特别是要注意操作顺序。这里需要强调的是对硫酸的使用。硫酸常用于织物带碱量多的工艺的后处理,快速中和织物上的碱液。硫酸稀释,必须将硫酸慢慢地倒入水中,切忌不能倒过来操作。因为硫酸稀释是放热反应,如果少量的水进入硫酸中,放出的热能会引起爆炸,把硫酸慢慢加入水中,反应中释放的热量比较缓慢,而且周围有大量的水吸收热量,是一种安全的操作方法。

三、纺织材料基础知识

1. 纺织纤维的分类

自然界的纤维众多,但总的来说可以分为天然纤维和化学纤维两大类,天然纤维是选用天然的动植物或矿物原料,不改变其化学性能,通过纺织制成的纤维;化学纤维是利用天然的或合成的高分子物质,经过化学加工而形成的纤维。根据组成纤维的原料不同,其具有不同的物理化学性能,使得练漂和印染工艺完全不同。简单的分类如下:

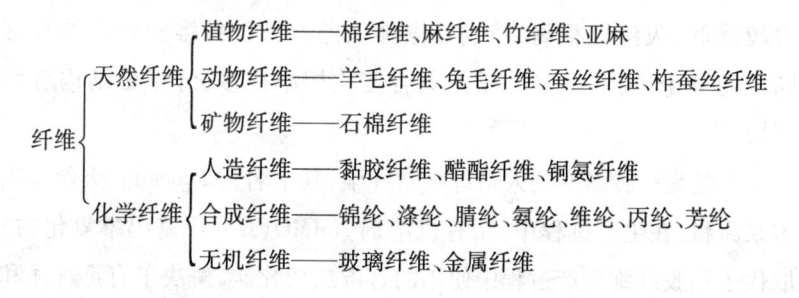

纤维 { 天然纤维 { 植物纤维——棉纤维、麻纤维、竹纤维、亚麻
动物纤维——羊毛纤维、兔毛纤维、蚕丝纤维、柞蚕丝纤维
矿物纤维——石棉纤维
化学纤维 { 人造纤维——黏胶纤维、醋酯纤维、铜氨纤维
合成纤维——锦纶、涤纶、腈纶、氨纶、维纶、丙纶、芳纶
无机纤维——玻璃纤维、金属纤维

2. 纺织纤维的基本性能

棉纤维属于纤维素纤维,是多糖类的天然高分子化合物,分析认为是由 β - 葡萄糖剩基彼此以 1 - 4 苷键连接而成的,可用下列分子式

表示：

$$\begin{array}{c}\text{（纤维素结构式）}\end{array}$$

纤维素巨分子的聚合度很高，为 1000～15000。每个葡萄糖剩基上有三个自由羟基，是纤维素具有化学活泼性的原因，其具有很大的水化能力。但是水分子只能进入无定形区，不能进入结晶区，所以纤维素在水中只能溶胀，不会溶解。但是经碱液处理，清洗碱液后，纤维素的大分子链回不到原来的状态，纤维的微结构发生了很大的不可逆变化，结晶度由 70% 降到了 50%。这就是为什么丝光棉更容易吸收染料，这也赋予了染整加工有利的条件。

人造纤维是用棉短绒、木刨花、甘蔗渣、芦苇等天然原料，以化学的方法加工而成的。使用不同的加工方法得到不同的人造纤维，可以制成黏胶纤维、富纤、铜氨、醋酯纤维。普通黏胶纤维的强力较棉低，吸湿性很高，特别是湿强很差。黏胶纤维和棉纤维具有同样的分子结构，只是分子的聚合度比棉小很多，纤维微结构有所不同。

天丝是一种新型的人造纤维素纤维，其学名为 Lyocell。天丝采用木浆原料，在生产过程中，用有机溶剂 NMMO（N-甲基吗啉氧化物）取代了黏胶纤维生产过程中使用的有毒二硫化碳，解决了有毒气体和污水对环境的污染，同时 NMMO 在制造过程中可以回收，因而具有不会给地球环境带来危害的特点，被称为"绿色纤维"。天丝具有高强、低伸、耐碱性能，并具有纤维素纤维的所有天然性能和较高的干强和湿强;可与其他纤维进行混纺,从而提高了黏胶纤维、棉等混纺纱线的强度,并改善了纱线条干的均匀度。天丝的印染加工性能基本接近黏胶纤维。

莫代尔纤维和天丝有很多相似之处。莫代尔纤维是以榉木木浆为原料,在有机溶剂和特定条件下,溶解天然纤维,再经过液流纺丝及后处理加工而形成的,其残液的排放对环境无害,改变了黏胶纤维要经历强碱、强酸的处理过程,排放大量的酸碱残液,对环境危害极大的生产条件。所以,莫代尔纤维取之于大自然,而后又可通过自然界的生物降解回归大自然,充分体现了它绿色环保再生的特性。在欧洲,天丝与莫代尔产品销量比约为1:7,运用莫代尔纤维成功开发并生产各类内衣、浴巾、床上用品、时装面料等,市场占有率逐年上升。莫代尔纤维性能和服用性能与黏胶纤维、棉纤维相似,属于再生纤维范畴,但又具有高强力纤维的特点。莫代尔纤维湿模量较高,其纱线的缩水率仅为1%左右。高强度莫代尔纤维适合生产超细纤维,并可得到几乎无疵点的细支纱,适于织造轻薄织物(如 $80g/m^2$ 的超薄织物)和厚重织物,制作的超薄织物的强度、外观、手感、悬垂性和加工性能良好,制作的厚重织物厚重而不臃肿。

Viloft 纤维是吸湿透气性纤维,是由木质素制成的再生纤维素纤维,其纤维具有独特的扁平截面,长宽比达5:1。其中有大量的空间气囊,具有一定的保暖性,能抵御寒冷的袭击。同时具有优良的芯吸、湿气调节功能。用该纤维制成的内衣舒适、保暖,同时穿着轻盈。

合成纤维是近年发展起来的新兴纤维,合成纤维因性能优异、用途广泛、原料的来源方便而得到飞速发展。聚酯纤维是最有代表性的一种合成纤维,它是一种疏水性纤维,吸湿性低,强力、抗皱性能和耐热性能良好。聚酰胺纤维也是使用非常广泛的一种合成纤维,分为聚酰胺6和聚酰胺66两种。聚酰胺纤维耐磨性好、强度高,但是耐光性能较差。

Coolmax功能性纤维面料具有吸湿、透气、排汗功能,由中空涤纶Dacron纤维制造而得。主要结构为聚对苯二甲酸乙二酯,这种扁平型的四凹槽截面使相邻纤维易于靠拢,形成很多毛细管效应很强的细小芯吸管道,从而在面料内形成良好的毛细网络,能将汗水迅速排至织物表面,并且这种纤维的比表面积大,比同特(克斯)的普通圆形截面大19.8%,具有良好的湿舒适性,不但能将水分快速吸收,并快速地将水分从织物一侧传递到另一侧,而且能将水分快速地蒸发并散发到大气中去。用该面料制成的服装,可随时将皮肤上的汗液排离皮肤,传输到面料表面,并迅速蒸发,使皮肤保持干爽和舒适,Coolmax功能性纤维面料的干燥率是棉的2倍。

HYGRA纤维是一种新型高吸湿放湿纤维,属于皮芯结构,皮是锦纶,芯是具有特殊网络结构的吸水性聚合物。这种聚合物具有吸收自身重量35倍水分的吸水能力,吸湿放湿速度优于天然纤维,抗静电性好,是内衣、运动衣及其他服装面料用纤维。

改性涤纶是在聚酯、聚酰胺纤维的基础上,通过分子结构的改变形成的,可用阳离子染料染色,并具有抗起毛、起球的性能。PTT纤维是新一代涤纶,学名聚对苯二甲酸丙二醇酯,性能介于涤纶和锦纶之间,具有锦纶的弹性和涤纶的抗污性,可在常压下用分散染料染色,有较好的弹性和手感,仿毛性能好,弹性方面可取代氨纶织造弹性织物。PBT纤维(学名聚对苯二甲酸丁二醇酯)也是一种新型聚酯纤维,PBT纤维除兼具PTT纤维的优良特性外,还具有更好的弹性。T-400纤维是杜邦公司新近推向市场的一种新型复合聚酯纤维。该纤维由两种不同聚酯纤维并列复合纺丝而成。由于两种聚酯纤维的收缩率不同，因此，该纤维可以产生永久的立体卷曲，从而使纤维自身具有优良的弹性。

Tactle 系列是锦纶系列的新产品，例如 Tactle aquator 有较佳的舒适与透气性和抗撕裂强度；Tactle diablo 有良好的染色性、光泽与悬垂感；Tactle micro touch 是超细复合丝，有特殊的韧性及轻盈的外观，手感好、外观华丽；Tactle S 是由不同形状的长纤和不规则花式纱交织而成的，有深浅不同的变色度，产生特殊的表面效果，具有容易清洗保存的优点；Tactle H 具有强韧、质轻和优良的耐磨性。

莱卡（Lycra）纤维是美国杜邦公司生产的新型氨纶，产品有 Lycra 3D、Lycra Power、Lycra Soft。莱卡可以裸丝形式，也可与各类纤维制成包芯纱、合捻线、包覆纱生产织物，应用于紧身衣、泳衣、内衣和运动衣等。

竹原纤维是以天然的竹子为原料加工而成的，它是一种植物黏胶纤维。竹原纤维具有天然的抗菌、防臭功能。该纤维细度和白度与普通黏胶纤维接近，强力好，韧性和耐磨性较高，制成的织物具有良好的吸湿性和透气性。经反复洗涤日晒也不会失去其天然的抗菌和防臭功能，竹原纤维在卫生材料及内衣制品方面具有优良的使用价值。

保健功能性原料有抗菌纤维、芳香纤维、远红外线纤维、抗紫外线纤维及罗布麻等。抗菌纤维如日本开发的纳米级含银沸石的无机抗菌纤维。再如国内开发的有机 AMF 系列抗菌纤维，已成功应用在内衣、床上用品、卫生材料、鞋袜、过滤材料等方面。芳香纤维具有医疗保健的功能，是用复合聚合法在纤维抽丝时将香料注入纤维中，形成包芯丝，纤维香味持久。远红外线纤维是将陶瓷粉末与合纤（涤纶、锦纶、丙纶）溶液在喷丝前熔融制成。含有陶瓷粉的纤维能吸收太阳能，转换成人体所需要的热能,以促进血液循环,改善人体的机能,增强体质。抗紫外线纤维是将紫外线屏蔽剂,加入经过熔融纺丝制成的抗紫外线纤维(合纤或人纤)中,使织成的织物对紫外线的屏蔽率在95%以上,织物用于夏季衬衣、T恤、遮阳伞、遮阳帽、沙滩装和户外用品等。罗布麻为天然野生植物,利用该植物的止咳、平喘和降血压的功能,来治疗三高疾病有一定的疗效,因而织物具有神奇的药用价值,而被用于制作服装、保健品和床上用品。麦饭石纤维是由麦饭石经高科技处理后制成的纤维。麦饭石是一种天然的药物矿石,能补充人体微量元素,以麦饭石为原料制成的纺织品,能产生人体能吸收的远红外线,激活人体细胞,改善和促进血液循环。因此,麦饭石纤维可用于制作衬衣、内衣、保健品、床上用品和部分家用纺织品。

绿色环保型纤维有甲壳素纤维、聚乳酸纤维、天然彩色棉、彩色羊毛和彩色兔毛、麻类纤维等。甲壳素纤维是由虾、蟹、昆虫等甲壳动物为原料加工而成的。甲壳素纤维纺织品,可防治皮肤病,并具有杀菌、防臭和吸汗保湿功能。甲壳素纤维还可以制成医用敷料,使肉芽新生,促进伤口愈合,临床上具有镇痛、止血的功效。甲壳素纤维废弃物可自然降解,对环境不会造成污染,属绿色环保型纤维。聚乳酸纤维(玉米纤维)是以玉米、小麦等淀粉原料经发酵、聚合、抽丝而制成的。聚乳酸纤维织成的织物,具有优良的弹性、悬垂性、吸湿、透气、耐热性和抗紫外线功能。

天然彩色棉是通过改变棉花种植基因而生产的天然彩色棉,由于棉纤所具有的天然色彩,杜绝了印染过程中对织物和环境造成的污染,彩色棉未受到染料、助剂的腐蚀,所以强力、韧度都比一般棉花好。已经培育出的彩色棉品种有红、棕、橙、绿等。

彩色羊毛和彩色兔毛,其颜色品种有浅蓝、天蓝、海蓝、红、黄和棕色。在改良兔毛方面,彩色兔毛有 13 种,这些彩色原料的出现无疑给纺织工业带来了革命性的变革,对减少环境污染、增强人体保健功能,发挥着不可低估的作用。

麻类纤维如亚麻、苎麻、大麻和黄麻等都具有天然的抗菌和抑菌功能,属天然的绿色环保纤维。麻类纤维无论亚麻、苎麻、大麻、黄麻都有一定的保健功能,舒适、透气、抑菌,还有抗紫外线和防静电的功能。

还有一类称为高科技原料或高性能材料的纺织纤维,具有特殊的功能性效果。

碳纤维主要分为丙烯腈碳纤维和沥青碳纤维。大量用做航空器材、运动器械、建筑工程的结构材料。碳纤维质轻于铝而强力高于钢,它的相对密度是铁的 1/4,强力是铁的 10 倍,除了有高超的强力外,其化学性能非常稳定,耐腐蚀性高,同时耐高温和低温、耐辐射、消臭。能过滤有毒的气体和有害的生物,可用于制造防毒衣、面罩、手套和防护性服装等。

芳纶是一种高强、高模量、高性能材料。耐高温、耐酸碱、阻燃和具有高韧性,可做耐高温的过滤材料和耐高压的绝缘材料,而且可以加工成各种防护服、防弹衣、飞行服、消防服、赛车服、降落伞等。

光敏变色的聚丙烯纤维,在一定波长的光照射下会产生变色,而在另一波长的光或热的作用下又会逆向变到原来的颜色,光敏纤维生产的纺织品常用于军事、交通防护等日常生活中。

阻燃纤维如碳纤维和芳纶,还有常规化学纤维改性的腈氯纶,是丙烯腈和偏二氯乙烯的共聚物,也是难燃纤维。其限氧指数为 26% ~ 34%,放在火焰上会产生炭化现象,从而形成一个附加的阻火层,起到阻燃的作用,除此之外,它还有耐酸、防水等功能。

纳米材料是近年来科学上的一项重大发现,它对电磁波有强烈的吸收能力,也能大量吸收紫外线,具有宏观量子隧道效应,应用纳米材料来处理纺织纤维(棉、毛、丝、麻、化纤及混纺)不仅具有防水、防油污、防果汁渍的功能,同时具有防辐射、杀菌、防霉等特殊效果。织物还有免洗功能,即使洗,也只用水一冲即可,节省水和洗剂。

3. 纺织纤维的鉴别

对于未知纤维的鉴别可用燃烧法、化学法、着色法和显微镜法。燃烧法快速初步确定纤维的属性,如果是混纺纤维,那么需要经过对各纤维含量的进一步测定。燃烧法测定纤维,方法简单,只要在面料的边处抽下一缕包含经纱和纬纱的布纱,用火将其点燃,观察燃烧火焰的状态,闻布纱燃烧后发出的气味,看燃烧后的剩余物,从而可初步判断面料的成分。

如果通过燃烧法测定后还不能做出决定,那么可再使用溶解法鉴定,或着色试验法和显微镜试验法来判断。

(1)燃烧法:各种纤维的燃烧状态见表 2–7。

表 2–7 各种纤维的燃烧状态

纤维种类	燃烧状态				燃烧时的气味	残留物的状态
	接近火焰	接触火焰	离开火焰	火焰颜色		
棉纤维	不熔不缩	立即燃烧	迅速燃烧	黄色	纸气味	黑或灰色粉末
麻纤维	不熔不缩	立即燃烧	迅速燃烧	黄色	草木灰气味	灰白色粉末
毛纤维	遇火冒烟,燃烧速度较慢	燃烧熔化	燃烧缓慢,会自灭	黄色	头发的焦臭味	易碎,有光泽的黑色球状颗粒
真丝纤维	卷曲,缩成团状	熔化燃烧	燃烧缓慢,带闪光,会自灭	黄色	毛发烧焦味	黑褐色小球状灰烬,手捻即碎

续表

纤维种类	燃烧状态				燃烧时的气味	残留物的状态
	接近火焰	接触火焰	离开火焰	火焰颜色		
锦纶	卷缩熔成白色胶状	熔燃滴落	自灭	黄色	芹菜味	冷却后浅褐色熔融物不易研碎
涤纶	熔缩	熔融冒烟，缓慢燃烧	继续燃烧，也会熄灭	黄色	芳香气味	黑褐色硬块，用手指可捻碎
聚丙烯腈纤维	熔缩	熔融燃烧	迅速燃烧	白色冒黑烟	火烧肉的辛酸气味	不规则黑色硬块，手捻易碎
聚丙烯纤维	熔缩，易燃	熔融，难燃	燃烧缓慢并冒黑烟	火焰为上黄下蓝的黑烟	石油味	硬圆浅黄褐色颗粒，手捻易碎
聚乙烯醇缩甲醛纤维（维纶）	不易点燃	熔融收缩	待纤维都融成胶状，火焰变大	浓黑烟	苦香气味	黑色小珠状颗粒，可用手指压碎
聚氯乙烯纤维（氯纶）	难燃烧	顶端有一点火焰	离火即熄	黄色下端绿色白烟	刺鼻辛辣酸味	黑褐色不规则硬块，手指不易捻碎
聚氨基甲酸酯纤维（氨纶）	近火边熔边燃	火焰呈蓝色	继续熔燃	蓝色	特殊刺激性臭味	软蓬松黑灰
聚四氟乙烯纤维（氟纶）	近火焰只熔化，难引燃	不燃烧	熔而分解	边缘火焰呈蓝绿色	熔而分解，气体有毒	硬圆黑珠

续表

纤维种类	燃烧状态				燃烧时的气味	残留物的状态
	接近火焰	接触火焰	离开火焰	火焰颜色		
黏胶纤维	不熔不缩	立即燃烧	迅速燃烧	黄色	烧纸气味	浅灰或灰白色细粉末
铜氨纤维	不熔不缩	立即燃烧	迅速燃烧	黄色	烧纸气味	少量灰黑色灰烬
醋酯纤维	熔缩	熔融燃烧	熔化燃烧	黄色	醋酸味	硬而脆的黑色块状物

(2)化学法:燃烧法只能初步鉴别纤维,对于燃烧情况相近的纤维需要进一步区别,那么还需要采取化学法鉴别。

化学法就是对织物的成分在燃烧法的基础上进行化学测试,根据不同织物对某种溶剂溶解性能的不同来区别成分和测量混纺织物的配比。由于操作比较复杂,这里不一一描述操作法了,可以参考专门的织物分析法资料。纤维在各种溶液中的溶解度见表2-8。

(3)着色法:着色试验法是根据纤维对不同染料的吸色不同来判断的,主要是采用酸性染料、分散染料和阳离子染料的混合染液对纤维进行着色试验,根据纤维着色后的色光对照已知色卡进行判定。

使用时将甲液与乙液以3:1的体积比混合后进行染色,将未知纤维于此染液中沸煮1min,取出水洗去除浮色后挤干水分,对照已知纤维的样本色光,鉴别纤维属性。参考的颜色见表2-9。

上篇　基本要求

表2-8　各种纤维在不同溶液中的溶解度

化学品	浓度	温度(℃)	棉	麻	羊毛	蚕丝	黏胶	醋酯	锦纶	涤纶	腈纶	维纶	丙纶	氯纶
冰醋酸	浓	室温	×	×	×	×	×	√	×	×	×	×	×	×
冰醋酸	浓	沸	×	×	×	×	×	√	×	×	×	×	×	×
盐酸	20%	室温	×	×	×	×	×	√	√	×	×	×	×	×
硫酸	70%	室温	√	√	×	√	√	√	√	×	√	√	×	×
硫酸	浓	室温	√	√	√	√	√	√	√	×	√	√	×	×
硝酸	浓	室温	×	×	×	√	×	√	√	×	√	√	×	×
甲酸	85%	室温	×	×	√	×	×	√	√	×	×	√	×	×
次氯酸钠	NaClO 1mol/L	室温	×	×	√	√	×	×	×	×	×	×	×	√
铜氨溶液	Cu²⁺ 1mol/L	室温	√	√	×	√	√	×	×	×	×	×	×	×
二甲基甲酰胺	浓	沸	×	×	×	×	×	√	√	√	√	×	×	×
间甲酚	浓	室温	×	×	×	×	×	×	√	√	×	×	×	×
间甲酚	浓	沸	×	×	√	√	×	√	√	√	×	×	×	×
氢氧化钠	5%	沸	×	×	√	×	×	×	×	×	×	×	×	×
硫氰酸钾	65%	20~75	×	×	×	×	×	×	×	×	√	×	×	×
丙酮	85%	室温	×	×	×	×	×	√	×	×	×	×	×	×

表 2-9 已知纤维样本颜色表

纤维名称	染着颜色	纤维名称	染着颜色
棉	橄榄绿色(微棕)	锦纶	橄榄绿色(微黄)
黏胶	淡黄色	涤纶	淡湖蓝色
富纤	淡红色	腈纶	绿光艳黄色
铜氨	淡灰红色	氯纶	蓝绿色
醋酯	黄绿色	羊毛	黄棕色
维纶	果绿色	—	—

染料也可以选用相近的现有染料拼混。关键是使用酸性、分散、碱性三种染料的红、蓝、黄拼色,使得纤维的色差明显。对照样本颜色可以自己用已知纤维制作,则对色更为准确。

(4)显微镜法:显微镜法是把纤维的纵向和横切面切成薄片,放在显微镜下放大观察,与已知的纤维切面进行对比,来确定该纤维的成分。各种纤维在显微镜下的横截面和纵向如图 2-1 所示。

4. 常用纺织纤维的染整加工条件

染整加工离不开水、汽和电的使用。纺织品印染加工一般都要使用饱和蒸汽,其在各个印染加工阶段的要求不同,例如,前处理、染色的蒸汽压力在 0.2MPa 即可;蒸化时对蒸汽品质的要求最高,要求总汽压在 0.4~0.6MPa;对于需要进行高温焙蒸的工艺,蒸箱温度需要达到 165~180℃。除了蒸汽加热外,还需要电加热或油加热。织物定形时的温度为 120~200℃不等,当定形温度高于 125℃时,汽加热已经不能满足需要,因此定形的热源基本上都是通过电加热或油加热达到的。所以,一个印染企业的建成,除了印染设备的能力配置和选型,水、电、汽的供应至关重要。根据环境要求国家在 2010 年已经对用水量指标和百米用煤量(蒸汽)指标作了新的规定。

上篇 基本要求

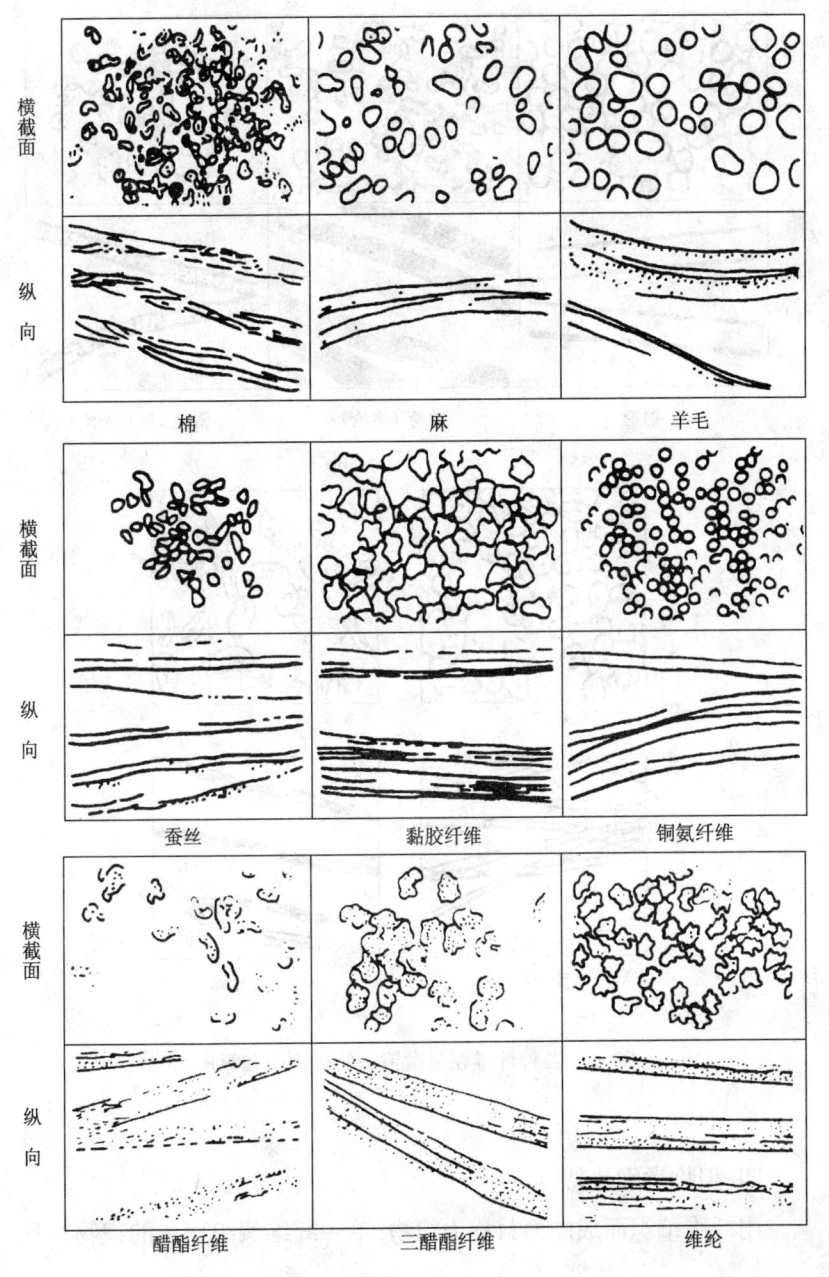

	横截面	纵向
棉		
麻		
羊毛		
蚕丝		
黏胶纤维		
铜氨纤维		
醋酯纤维		
三醋酯纤维		
维纶		

图 2-1

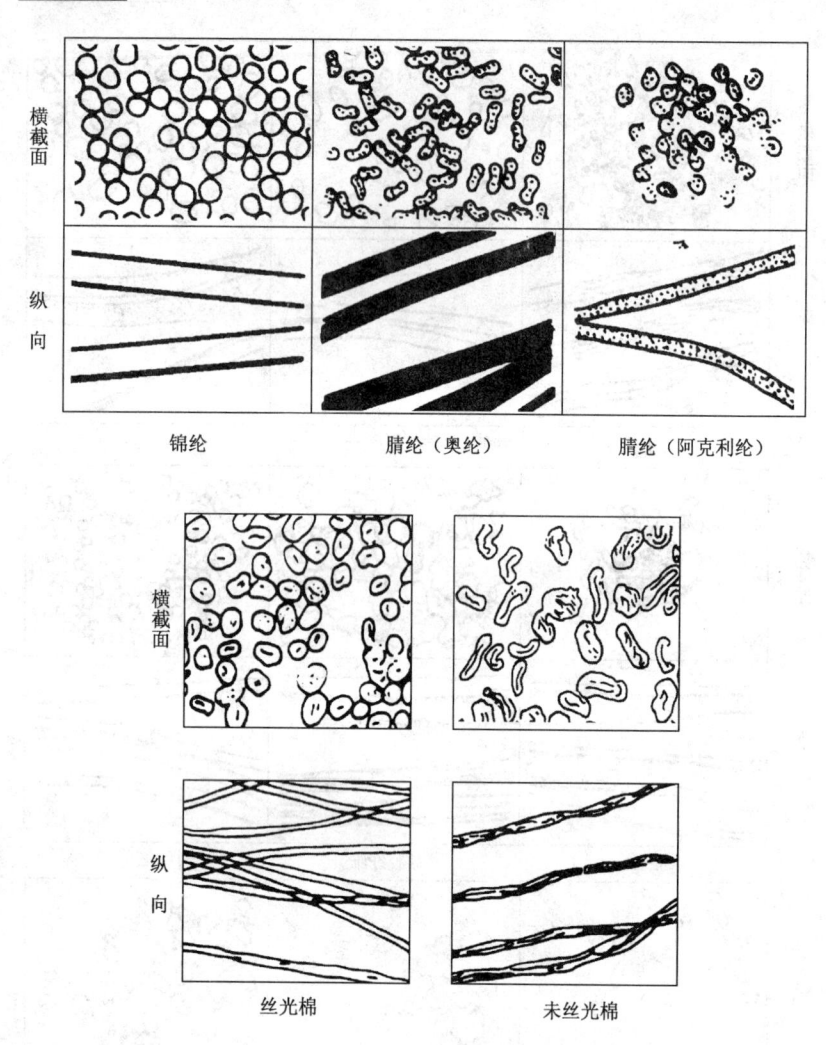

横截面		
纵向		
锦纶	腈纶（奥纶）	腈纶（阿克利纶）

横截面	
纵向	
丝光棉	未丝光棉

图 2-1　各种纤维在显微镜下的横截面和纵向图

四、织物类别及特点

用纤维编织而成的面料称为织物，单一纤维编织而成的织物在称呼前面往往加一个纯字,例如纯棉织物、纯毛织物等,两种以上纤维混纺或交织在一起的织物称为混纺织物或是交织织物。

1. 织物按织造方法分类

织物按织造方法,可以分为机织物、针织物、非织造布等。用相同成分的经纬纱、线,在织布机上织成的布称为机织布。用不同成分的经纬纱在织布机上织的布称为交织布,也就是两种或两种以上的纤维,按不同比例混合纺纱织布,经纱或纬纱纤维成分不同。针织物是一组或几组经向平行排列的纱线在经编机上,所有的织针上同时成圈并相互穿套而成的平幅或圆筒形的织物,或由连续单元线圈穿套构成。特点是横向的伸缩比纵向大,如汗布、手套、袜子。机织物的织造方法不同,表现为平纹织物、斜纹织物、缎纹织物、提花织物、色织布、麻纱、卡其、华达呢、哔叽、横贡缎、直贡缎、平绒、灯芯绒织物等。针织物按织造方法不同有汗布、罗纹布、空气层布、鱼鳞布、毛圈布、棉毛布、蚂蚁布、天鹅绒毛巾布、经编乔赛、珠地网眼布、棱条凸纹布等。非织造布是一种不需要纺纱织布而形成的织物,只是将纺织短纤维或者长丝进行定向或随机撑列,形成纤网结构,然后采用机械、热粘或化学等方法加固而成。非织造布按主要用途大致可分为医用非织造布、装饰用非织造布、服装用非织造布、工业用非织造布、农业用非织造布、其他非织造布。

2. 按织物的组织结构分类

织物按照组织结构的不同可以分为平纹组织、斜纹组织和缎纹组织。

平纹组织是最基本、最简单的织物组织,是由两根经纱和两根纬纱互相交叉组成一个循环。平纹织物的正反两面特征相同,所以没有正反面之分,但是在织造时常以布机交班印作为织物正面。平纹织物是运用最广泛的一种织造方法,例如纯棉织物、涤棉混纺织物、人造棉织物的平布、府绸,毛织物中的凡立丁,蚕丝织物的塔夫绸,麻织物的夏布等都属于平纹织物,两根经纱两根纬纱组成一个单位组织循环,经纱和纬纱每隔一根纱线交错一次,加工中不分正反面,如图2-2所示。

斜纹织物是织物中相邻的经纬纱上连续的经纬组织点排列成斜线,织物表面呈现连续线的织物组织。纱织物的斜纹组织由上到下左斜为正面,线织物由上到下右斜为正面。其中卡其、华达呢、哔叽、斜纹布都属于斜纹组织,斜纹组织按照织造的方法不同可分为$\frac{1}{2}$斜纹、$\frac{2}{2}$斜纹和$\frac{3}{1}$斜纹,如图2-3~图2-5所示。

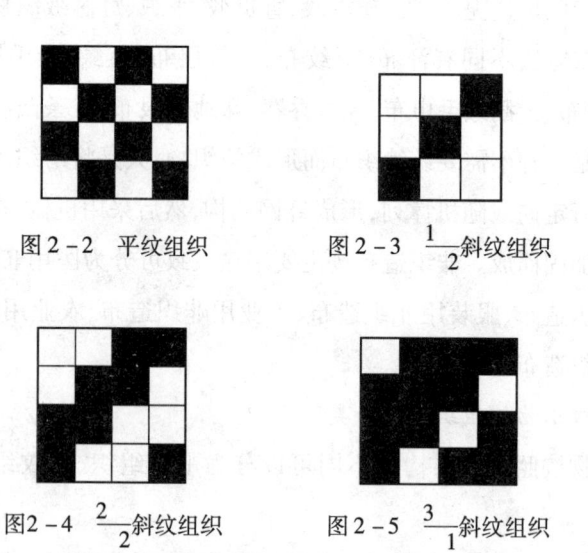

图2-2 平纹组织

图2-3 $\frac{1}{2}$斜纹组织

图2-4 $\frac{2}{2}$斜纹组织

图2-5 $\frac{3}{1}$斜纹组织

缎纹组织是相邻两根经纱或纬纱上单独组织点均匀分布,但是不相连接的织物,单独组织点由相邻的经纱或纬纱的浮长线遮盖,织物表面光滑平整,富有光泽。缎纹组织根据经纱或纬纱上浮的原则,分为经面缎纹和纬面缎纹,例如直贡呢、横贡呢,蚕丝中的素绉缎都属于缎纹组织,缎纹组织按照经纬线浮点的长短可以分为三枚缎纹、五枚缎纹和七枚缎纹,图2-6为七枚缎纹。

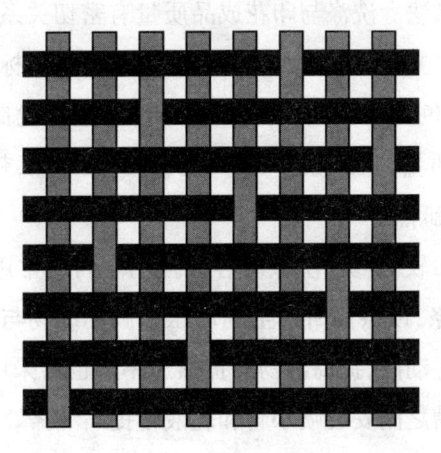

图2-6 缎纹组织

当然还有一些提花织物,特别是在长丝织物中,例如锦纶丝、人造丝和蚕丝纤维的提花织物较多,一般以花突出的一面为正面。

3. 按最终用途分类

纺织品按最终用途分类,可以涉及各个领域。例如服装、服饰、箱包、户外、航天、汽车、装饰、医疗等。

4. 按染整加工的手段分类

纺织品按照加工的手段分类,通常命名为漂白布、染色布、印花布、水洗布、涂层布、丝光布等。一般在印染企业内部运用较多。

五、不同织物洗涤的加工特点

机织物的洗涤加工从广义上说,包括漂白后的洗涤、染色后的洗涤和印花后的洗涤。除此之外,也有一些特种水洗的加工手段,例如沙洗、石磨洗等。

棉机织物的洗涤加工以连续洗涤为主,如连续绳状水洗机、连续平洗机。传统丝绸织物的洗涤加工以间歇水洗为主,目前采用无张力连续水洗机洗涤法。洗涤与印花成品质量有密切关系,直接影响成品的缩水率、手感、光泽、白度、色光鲜艳度和牢度等指标。浮色不净,造成白地沾污,花色萎暗,使成品色牢度下降。选择优良的洗涤条件是提高印花织物质量的关键之一,印花织物退浆不净,势必造成手感发硬,色光萎暗等疵点。

丝绸织物柔软、娇贵,洗涤时容易挫伤。因此常用小张力的振荡水洗槽进行洗涤,以振荡所产生的动压力破坏织物与水的边界层,加大污物的分子运动能,提高污物的扩散速率。也可采用喷水轧压的方法在平洗机水槽之间安装喷水管和轧液辊提高洗涤效率。

毛机织物的洗涤加工以间歇洗涤为主,其工艺流程为:

毛坯布→洗涤→氯化处理→印花→干燥→汽蒸→水洗→烘干

毛织物在洗呢机上进行洗涤。一般采用冷水洗,将大部分浆料浮色冲洗掉,再用温水、热水洗(加入需要的助剂),促使糊料快速溶解扩散到水中,加入少量盐增效,一般温度 60~65℃,pH 值 6.5~7。水洗时间以洗净为准,加入净洗剂、扩散剂可提高洗涤效率。

印花针织物洗涤以间歇洗涤加工为主,目前已经有很多针织连续水洗机可供选择。水洗设备有绳状水洗机、松式绳洗机、连续水洗机和松式平幅水洗机。

六、洗涤工艺基础知识

在印染加工过程中,洗涤是为了除去在练漂、染色、印花等加工中织物所含的杂质、织物表面的浮色、多余染料、浆料、分解物及污物，使被处理织物的物理指标达标，包括退浆率、毛细管效应、白度、强力、断裂伸长率、单纱强力、钡值、克重（化纤或针织物）、透气量（羽绒类织物）、顶破强力（针织物）、缩水率等。洗涤设备的好坏直接影响洗涤效果的优劣，直接影响印染产品的质量，故洗涤是印染生产中的重要加工过程之一。被洗涤织物中的污物杂质，大体可分为可溶性物质及油蜡等不溶性物质，以水作为洗涤介质除去污物，水溶性物质通过洗液交换去除污物，杂质通过扩散予以去除，若可溶性物质被纤维吸附，则采用酸碱中和或还原清洗的办法来解决，对于油蜡杂质及不溶性物质，要采用适当的洗涤剂（例如高浓全能皂洗剂721-100、环保螯合分散剂727）来去除。要使织物上的杂质污物在洗涤过程中迅速从织物上剥离下来并扩散到洗液中，就要从洗涤条件和水洗机性能等方面去研究解决。根据洗涤织物选用适当的洗涤工艺，如洗涤剂的浓度、洗涤温度和洗液流量，对洗涤功效会起很大的作用。水洗机的质量也直接影响洗涤作用的充分发挥，所以目前各印染机械厂都在研究以较少的设备，最少的洗涤剂，在最短的时间里完成织物的净洗工艺。

1. 漂布洗涤工艺流程、设备和通用工艺处方

漂白布洗涤是把坯布加工成具有一定白度和毛细管效应（简称毛效）、光泽、强力的织物。漂布可以继续进行染色和印花的加工，也可以在进行柔软加白树脂整理后作为成品销售。

全棉漂白布工艺流程：

坯布检验→配缸缝头→烧毛→退浆→煮练→漂白→丝光→加白

化学纤维机织物（包括涤/黏、涤/锦等混纺织物）的前处理工艺流程：

烧毛→定形→除油→(减量)→漂白

针织物的前处理工艺流程：

(烧毛)→(缩碱)→除油→煮练→漂白→(丝光)

其中烧毛、缩碱、丝光根据工艺需要增减，也可把丝光放在烧毛后进行。

前处理各道工艺(漂布工艺)的作用和工艺处方举例：

(1)坯布检验：目的是检验加工前的布的质量，应该按抽查10%的比例检验，内在质量包括布的规格、长度、幅宽、经纬纱密度和强力、重量(针织布)、纤维混纺比例。外观质量包括织造疵病如缺经、断纬、跳纱、棉结、油污纱、筘路、竹节纱、铜铁丝等，现在很多低廉的坯布存在很多含有铁锈的油污纱，造成严重的氧漂破洞，必须注意。

(2)烧毛工艺：使织物快速运行(80~150m/min)通过高温(1200~1400℃)火焰烧去织物表面的绒毛，以减少后加工中由于毛羽脱落粘在辊筒上产生印花拖刀、拖浆及印花轮廓不清等疵点。

(3)退浆工艺：常用的退浆方法有碱退浆、酶退浆和氧化退浆。

碱退浆是普遍应用的退浆方法，可用于各种天然纤维和化学纤维。退浆工艺流程：

烧毛→轧碱(可在烧毛机的灭火槽中进行，烧碱5~10g/L，70~80℃，多浸一轧，两格)→轧碱落布打卷堆置(50~70℃，4~5h 或 100~102℃汽蒸50~60min)→充分水洗→退浆(可用丝光废碱)

酶退浆可把含淀粉或改性淀粉的浆料退净，又不损伤纤维，包括中温型及高温型酶退浆。烧毛后的布轧酶(可在烧毛机的灭火槽中进行)，浸渍用量1%~2%(o.w.f.)或5%~7%(o.w.f.)，50~60℃，堆置1~2h。

氧化退浆可用于任何天然及合成浆料退浆，退浆率可达90%~

98%。退浆使用的氧化剂有双氧水、次氯酸钠、亚溴酸钠、过硼酸盐、过硫酸盐(过硫酸钠、过硫酸钾、过硫酸铵)等,退浆在碱性条件下进行。双氧水氧化剂退浆是较常用的,其退浆方法有冷轧堆法和浸轧汽蒸法。冷轧堆法可使退煮一步完成。冷轧堆法的工艺流程:

室温浸轧工作液→打卷(30~35℃,堆置16~24h)→高温水洗→汽短蒸→复漂

此冷轧堆工艺也可用于退浆、煮练、漂白的短流程前处理工艺。氧化退浆的参考工艺处方见表2-10,处方中的混合助剂为渗透剂、乳化剂、分散剂、净洗剂、螯合分散剂等。

表2-10 氧化剂退浆的参考工艺处方

助剂名称	冷轧堆退浆 用量(g/L)	处理条件	汽蒸法退浆 用量(g/L)	处理条件	两浴法退浆 用量(g/L)	处理条件
100% NaOH	30~45	浸轧→堆置 2~4h(25℃)→高温水洗(90℃以上)→冷洗	15~20	浸轧→汽蒸 20~30min(100~102℃)→85℃热水洗→冷水洗	2~4	H_2O_2(40~50℃)→轧碱液(70~80℃)→热水洗(85℃)→冷水洗
35% H_2O_2	8~15		8~12		8~12	
过硫酸钠	5		—		—	
33% 硅酸钠	10~16		10~16		10~16	
混合助剂	5~10		5~10		5~10	

(4)煮练:方法有煮布锅煮练、常压连续汽蒸和高温高压煮练几种。煮练的参考工艺见表2-11。

(5)酶煮练:利用酶的专一性和温和的反应条件,来代替高温强碱的精练,有一定的可行性,生物酶精练多采用果胶酶或果胶酶与纤维素酶混合的工艺。与碱精练相比,酶精练省水50%,排放污水中的COD、BOD值比碱精练少一半,由于纤维素减量小,本身未受到损伤,棉纤维最大限度地保持了纤维强度,失重小,织物手感柔软,厚实富有

弹力。但织物的毛效低、棉籽壳去除不净,要在后氧漂中加以解决,也是未能大面积推广的原因。

表2-11 煮练参考工艺 单位:g/L

助剂名称	煮布锅煮练 [浴比1:(3~4)]	常压连续汽蒸煮练	高温高压煮练
100% NaOH	2.5~4	40~50	40~50
硅酸钠	0.5	—	—
耐碱渗透剂A-103	—	4~8	1~5
精练渗透剂A-114	0.5~1	—	10~15
精练剂LS-88	—	3~5	—
亚硫酸钠	0.5~1	0~5	0~5
螯合分散剂SD-28	0.1	1	1
煮练温度	49.05kPa,100~105℃	100~102℃	196.2kPa
煮练时间	3~5h	1~1.5h	3~5min

果胶酶是分解果胶一类的酶,酶液能通过纤维多微孔和裂缝渗透到角质层和初生胞壁中,从而接触到杂质并将其降解,要加入非离子表面活性剂(A-113)帮助渗透,果胶酶与果胶水解反应,使其变成水溶性的产物从纤维上溶解下来,果胶与蜡质是相互附生的,果胶具有将蜡状物质黏附在纤维上的功能,随着果胶从纤维表面角质层和初生胞壁中溶解下来,残留的蜡状物质结构发生松动,很容易与表面活性剂接触而被乳化去除。

连续轧蒸机酶退煮一步法工艺:退浆酶Desizyme 2000L(1~4g/L),精练酶Scourzyme NP(8~10g/L),非离子渗透剂A-113(2~5g/L),经过轧液(轧液率100%,pH值7~8,轧液温度50~60℃),再进入蒸箱蒸化(蒸箱温度60~80℃,汽蒸时间40~60min)。

对于轻薄织物及低特(高支)棉织物,精练酶Scourzyme NP退煮工艺完成后,只需做常规氧漂工艺。对于厚重织物及高特(低支)棉织物,精练酶 Scourzyme NP 处理后需添加低碱蒸工艺或在氧漂工艺中加入低量碱剂去除杂质。

纯棉机织物 29.15tex×36.44tex/504 根/10cm×236 根/10cm(带蓝边)、14.6tex×14.6tex/524 根/10cm×394 根/10cm 府绸的酶退浆→煮漂两步法参考工艺流程如下:

酶退浆工艺流程:

进布→平洗格→浸轧酶(退浆酶 3g/L,渗透剂 3g/L,pH 值 7~7.5,90℃)→轧车(轧液率 85%)→平洗格浸轧酶(退浆酶 3g/L,渗透剂 3g/L,pH 值 7~7.5,90℃)→轧车→酶堆小蒸箱(容布量 300m,5min,小辊床 90℃,实际反应时间 1~2min)→红外对中蒸洗箱→轧车→蒸洗箱→轧车→蒸洗箱→轧车→水洗箱→重轧车→落布架

煮漂工艺流程:

湿进布→浸氧漂液(平洗格)→轧车(NaOH 15~20g/L,H_2O_2 14~16g/L,精练剂 13~16g/L,稳定剂 5g/L,水玻璃 5g/L,螯合分散剂 3g/L,轧液率 85%)→双层网带汽蒸箱(容布量 4000m,40~50min,100℃)→红外对中→4 台蒸洗箱(配套 3 台轧车、1 台重轧车)→两柱烘干(20 只 ϕ800 烘筒)→落布

(6)漂白:棉织物退浆、煮练后去除了浆料及棉纤维的杂质、油剂,外观比较洁净,但色素、棉籽壳要采用氧化法去除,以满足染色、印花,特别是浅色鲜艳度的要求。漂白的质量与工艺参数有关。例如漂白剂的浓度、pH 值、温度、时间、稳定剂及活化剂等。对于白度要求高的织物,可以用微量蓝色染料或荧光增白剂在漂白后再进行增白处理。漂白织物的质量指标包括白度及白度稳定性(不泛黄)、毛效、强力和织物的聚合度(检查纤维的损伤程度)。漂白剂包括还原性漂白剂和氧化性漂白剂两种,由于还原性漂白剂通过还原织物上的色素而达到漂白作用,白

度稳定性差,产品在空气中因为氧的存在,会氧化已经被还原的色素。所以一般选用氧化性氧化剂进行漂白,而羊毛漂白常用保险粉。氧化性的漂白剂有很多种,如次氯酸钠、过氧化氢、过乙酸、过硼酸钠、过碳酸钠等。其中次氯酸钠、过氧化氢为普遍使用的漂白剂。下面以平幅为例介绍双氧水漂白工艺流程:

退浆煮练的半制品→浸轧氧漂助剂(浸轧槽上四辊下五辊,出布有小轧车,有的厂只用一部两浸两轧的轧车浸轧氧漂工作液)→汽蒸(次氯酸钠冷堆,汽蒸箱有多种规格,如履带式、辊床式、全导辊式、RBOX液下汽蒸箱式、轧卷式间歇汽蒸箱、冷轧堆工艺浸轧设备)→皂蒸箱热水洗→皂蒸箱热水洗→皂蒸箱热水洗→皂蒸箱热水洗→皂蒸箱热水洗→热水洗→热水洗→冷水洗→烘干

具体工艺见表2–12。

表2–12 双氧水漂白参考处方

轧蒸设备	35% H_2O_2 (g/L)	37% Na_2SiO_3 (g/L)	100% $NaOH$ (g/L)	pH值	温度 (℃)	时间 (min)
J型箱、平幅	8~25	5~15	1~3	10~11	98~100	30~60
辊床式、平幅	15~30	10~15	12~18	10~11	98~100	15~30
辊床式高给液、平幅	20~40	12~18	7~14	10~11	98~100	15
高温高压、绳状	15~25	10~20	20~30	10~11	—	$\frac{2}{3}$~1

(7)退煮漂一浴法:退煮漂一浴法是为了适应节能减排降耗绿色生产的环保要求,将退、煮、漂三步工艺合为一步的短流程工艺,必须采用强化的方法,把原来三步所要去掉的浆料、棉杂质、果胶、蜡质等一步去除。需要特种助剂的配合,这对于轻薄织物已经开始实施,主要使用汽蒸一步法工艺和冷堆一步法工艺。对于厚重或紧密织物能

否采用一步法工艺,需要看坯布的质量,是否由高级棉组成,浆料是否为改性淀粉等易退浆浆料来决定。目前一步法工艺还不能全面适用,需要在助剂和设备方面做进一步的改进。

(8)涤/棉织物练漂:

烧毛→退浆(湿润剂、渗透剂、碱剂、氧化剂)→(若需碱减量工艺,使用烧碱处理)→煮练(渗透剂、精练剂、碱剂)→漂白(氧化剂、稳定剂)→增白(涤纶增白剂)→丝光(烧碱、渗透剂)→热定形

(9)纱线练漂:

纱线煮练(NaOH $8\sim12g/L$)→漂白(NaOH $4\sim5g/L$,H_2O_2 $3g/L$,双氧水稳定剂 $2g/L$)→丝光(NaOH $240\sim270g/L$)→绕筒或绞纱

(10)灯芯绒练漂:

轧碱(NaOH $10\sim15g/L$,润湿剂 $1\sim2g/L$,温度 $80\sim85℃$)→烘干→割绒(一般采用机械割绒)→热水去碱或酶退浆(一格温水 $50℃$)→热水(5格,$80\sim90℃$)→堆置($0.5\sim1h$)→热水(5格,$80\sim90℃$)→温水(1格)→烘干

原布含浆量较高时,割绒前不进行轧碱,而是先进行退浆。

(11)针织物练漂(漂白汗布):

煮练(NaOH $10\sim15g/L$,煮漂剂 $2\sim5g/L$,除油剂 $1g/L$)→漂白(100%双氧水 $2.5\sim4g/L$,稳定剂 $5\sim9g/L$,渗透剂 $0.5\sim3g/L$)→增白(视需要而定)

针织物的退煮漂大多数是在间歇式液流染色机上完成的,各工序均需进行多次换水才能完成。

(12)绒布练漂:

重退浆→轧碱(100%烧碱 $18\sim25g/L$,渗透剂 $3\sim5g/L$,温度 $90\sim95℃$)→堆置(90min)→轧碱(100%烧碱 $13\sim18g/L$,渗透剂 $3\sim5g/L$,温

度 90~95℃)→堆置(90min)→水洗→漂白(NaClO 3~4g/L,或用 100% H_2O_2 2.5~4g/L,稳定剂 3g/L,pH 值 10~10.5,90~95℃,45~60min)→水洗→酸洗(硫酸 2~3g/L,温度 40~50℃,堆置时间 10~15min)→水洗→脱氯(大苏打或亚硫酸钠 1~2g/L)→水洗→烘干→起绒

(13)丝光:棉织物的丝光都在漂白后进行,因为漂白布的吸湿性良好,能使碱液很方便地进入纤维素纤维,加速丝光的效果。退煮后先丝光后漂白,多用于漂白布。坯布丝光时,由于坯布润湿性能差,丝光不匀,所以只用于针织布的圆筒丝光,因为针织布表面的油污、杂质较少,织造结构疏松,碱液比较容易进入纤维。染后丝光也可用于针织布。

丝光机械:布铗丝光机、直辊丝光机、布铗直辊丝光机、弯辊丝光机和针织圆筒丝光机、针织平幅丝光机。

丝光基本工艺流程:

浸轧烧碱(室温两浸两轧,100% NaOH 220~280g/L,耐碱渗透剂 2~5g/L)→透风绷布辊(30~60s)→浸轧烧碱(两浸两轧,室温,浓碱作用时间不小于 50s)→进入布铗区(上面五次冲碱,下面五次吸碱,或直辊浸碱区有 20 对直辊浸碱槽、10 对直辊稳定槽)→蒸洗箱洗涤区(2~3只皂蒸箱及 3~5 只平洗槽)→中和(醋酸或硫酸中和,布面 pH 值达到 7)→烘干落布

完成漂布前处理的设备繁多,根据工艺需要大致分为以下几大类,具体见表 2-13。

表 2-13 漂布前处理设备和与之相适应的前处理工艺

使用的设备	适合品种	前处理方法
验布机	所有机织坯布	验布
气体烧毛机	纯棉、化纤及混纺织物	烧毛
平幅退浆机	纯棉或涤棉混纺	平幅碱退浆

续表

使用的设备	适合品种	前处理方法
轧卷式退煮漂联合机	纯棉、化纤及混纺	煮、漂联合,可单煮
平幅氯漂机	纯棉及混纺	漂白
履带式氧漂机	纯棉、化纤及混纺	漂白
绳状练漂机	棉织物	退、煮、漂
煮布锅	棉布	煮练
布铗丝光机	纯棉、化纤及混纺	丝光
直辊丝光机	纯棉或涤棉混纺	丝光
轧水烘干机	纯棉或涤棉混纺	打底、轧水、烘燥
圆筒烧毛机	针织物	烧毛
间歇式溢流染色机	针织物	退、煮、漂、染、水洗
松式平幅前处理机	针织物	退、煮、漂、水洗
松式圆筒前处理机	针织物	退、煮、漂、水洗
平幅丝光机	针织物	丝光
圆筒丝光机	针织物	丝光

2. 染色布洗涤工艺流程、设备和通用工艺处方

染色布染色后的洗涤工艺,需根据织物染色所使用的染料而定。可用于各种织物染色的染料有活性染料、还原染料、可溶性还原染料、硫化染料、不溶性偶氮染料、直接染料、酸性染料、阳离子染料、分散染料和涂料。棉布可用活性染料、还原染料、可溶性还原染料、硫化染料、不溶性偶氮染料和直接染料染色。染色后的洗涤,基本上和染色在同一设备中完成,染色在前、水洗在后,所以往往在染色机里完成水洗工艺。染色方法和对应的设备见表2-14。

表 2-14　棉、涤/棉、涤纶织物的染色方法和设备

染色方法		使用设备
间歇式	卷染	常温常压卷染机 高温高压卷染机
	喷射液流染色	常温常压喷射液流染色机 高温高压喷射液流染色机
半连续式	冷轧堆染色	冷轧堆染色机
连续式	短流程湿蒸染色	连续湿蒸染色机
	连续轧染	连续轧染机
	悬浮体轧染	连续轧染机
	热熔染色	热熔染色机

(1)活性染料染色的水洗工艺：

卷染→固色(4~8道,固色温度根据染料定)→水洗(两道,室温,流动水)→热水洗(70~90℃,2~3道)→皂洗(95℃,3~6道,皂洗剂2~3g/L)→热水洗(80~90℃,2道)→冷水洗(室温,1道)→冷水上轴

喷射液流染色→固色(固色温度和碱剂用量均根据染料定,时间30~60min)→水洗(室温,10~15min)→热水洗(60~80℃,10~20min)→皂洗(90~100℃,10~20min)→热水洗(60℃,10min)→冷水洗→出缸→脱水→开幅→烘燥

浸轧染液→预烘→烘干→浸轧固色液→汽蒸(也可烘干后直接焙烘)→水洗(室温喷淋)→水洗(60℃)→中和(汽蒸法用醋酸2g/L,补充淋液20g/L,焙烘法只需要75~80℃热水洗)→皂洗(三格,95℃,皂洗剂2~5g/L)→热水洗(85~90℃,1~2格)→水洗(室温水)→轧水→烘干

轧卷堆置染色轧染→打卷→堆置→水洗(室温,两格溢流)→热水洗(中温型染料50~70℃,高温型染料70~80℃两格溢流,X型染料不用)→皂洗(95℃,加盖两格)→热水洗(70~80℃,两格溢流)→水洗

(流动水)→烘干(烘筒)

短流程湿蒸染色浸轧染液(一浴)→高温湿蒸固色→水洗(室温,流动水)→热水洗(60~80℃,两格溢流)→皂洗(95℃,两格,加盖溢流)→热水洗(70~80℃,两格溢流)→水洗(室温,溢流)→烘干(烘筒)

(2)还原染料染色水洗工艺:

卷染→水洗(4道,室温)→氧化(4道,20~50℃)→皂洗(4~6道,95℃)→热水(2道,乙法、丙法40~60℃,甲法、特别法60~80℃)→冷水(1道,室温)→上卷

悬浮体轧染汽蒸还原浸轧染液→(烘干)→透风→浸轧还原液(一浸一轧,50℃以下,轧液率100%~120%)→汽蒸(102℃,40~60s)→水洗(2~3格,室温)→氧化(可空气氧化或用双氧水及过硼酸钠氧化,氧化剂用量1g/L)→透风→皂洗(2~3格,95℃)→热水洗(2格,80~85℃)→水洗(1格,室温)→烘干(烘筒)

(3)可溶性还原染料染色水洗工艺:

亚硝酸钠显色法浸轧染液→烘干→显色(一浸一轧或两浸两轧,轧液率70%~80%,30~80℃)→透风(30s)→水洗(室温,流动水,2格)→中和(室温,1格)→皂洗(2格,95℃,皂洗剂2g/L)→热洗(2格,60~80℃)→水洗(室温,1格)→烘干(烘筒)→热熔或热定形(180~210℃,12~20s)

卷染染色→显色(2~3道,40~70℃)→水洗(3~4道,冷流水)→中和(1~2道,室温,pH=8~10)→皂洗(5~6道,90℃以上)→热洗(2道,70~80℃)→水洗(1道,室温)→上卷→烘干→定形(180~210℃,12~20s)

(4)硫化染料染色水洗工艺:

卷染染色→水洗(2~5道,室温)→酸洗(2道,室温)→水洗(2道,室温)→氧化(4~5道,55~70℃)→水洗(2道,室温)→皂洗(4~5

道,95℃,皂洗剂2～3g/L,纯碱1～2g/L)→热洗(2～3道,80℃)→固色(2～3道,50～80℃)→水洗(2道,室温)→上卷

绳状染色→水洗(室温,溢流,5～15min)→氧化(5～10min,50～70℃)→水洗(室温,10～15min)→皂洗(15min,80℃,皂洗剂2～4g/L,纯碱1～2g/L)→水洗(室温,10～15min)→出缸

轧染→还原汽蒸→水洗(2～3格,40～60℃)→酸洗(1格,50～55℃,pH=4～4.5)→氧化(2～3格,50～70℃,pH值3.5～4.5)→热洗(1～2格,60～70℃)→皂洗(1～2格,80～85℃)→热洗(1～2格,60～70℃)→固色(1格,50～60℃)→水洗(1格,室温)→防脆(1格,50～60℃,尿素0.3g/L)→烘干

(5)不溶性偶氮染料染色水洗工艺:

卷染打底→过缸卷染显色(3～4道,25℃以下)→冷流水(2道)→皂洗(95℃,4～6道)→热水洗(90℃,6道,中间换水)→水洗(3道,冷流水)→上轴

连续轧染色酚液→预烘烘干→浸轧显色液→透风(汽蒸或碱发色)→酸洗(室温,1～2格,60～70℃,1格)→水洗(室温,1～2格)→热水洗(60～70℃,1格)→皂洗(95℃,2～3格)→热水洗(95℃,2格)→水洗(室温或60℃,1格)→烘干(烘筒)

轧染打底卷染显色浸轧色酚液→预烘烘干→染缸卷轴显色(2～4道,25℃以下)→水洗(室温,2～4道)→热水洗(2～4道,60～70℃)→皂洗(4～6道,95℃)→热水洗(4～6道,80～90℃,中间换水)→水洗(2～3道,室温)→上卷

(6)直接染料染色水洗工艺:

卷染→水洗(2道,室温,流动水)→固色(4道,20～60℃,固色剂5g/L)→冷水上轴

喷液染色→热水洗(60℃)→皂洗(60℃,10~20min)→水洗(室温,充分水洗)→固色(固色剂5g/L,50~60℃,20min,根据固色剂决定温度和时间)→水洗(室温,充分水洗)→热水洗→室温水洗

浸轧染色→汽蒸(100~102℃,1min)→水洗(冷流水)→固色(50~60℃,固色剂5g/L)→水洗(冷流水)→烘干

(7) 分散染料染色水洗工艺:

热熔轧染染液(适用于涤/棉、涤/黏织物的染色)→红外线预烘→热风烘干→[烘干(烘筒)]→热熔→套用棉用染料或后处理→碱洗(95℃,烧碱1~3g/L或纯碱3~4g/L,保险粉1~2g/L)→水洗(60℃)→中和(醋酸1~2g/L)→烘干

高温高压卷染染色→水洗(2道,60~80℃)→皂洗(4~6道,90℃以上,保险粉2~4g/L,纯碱1.5~2.5g/L)→水洗(2~3道,80℃)→水洗(1道,室温)→上卷

高温高压喷射溢流绳状染色→降温(80~85℃,30~40min)→水洗(流动水洗,10~15min)→水洗(80℃,10min)→皂洗(90~95℃,15min,保险粉1~2g/L,纯碱1~2g/L)→水洗(80~85℃,10min)→水洗(室温,10min)→出布

3. 印花布洗涤工艺流程和设备

棉、涤/棉等织物印花后的水洗流程是按染料的不同而变化的,但总的流程是不变的。例如:

棉、涤/棉练漂半制品→印花→烘干→蒸化或焙烘→洗涤(平幅洗或绳状洗)→烘干→功能性整理→成品检验码布或打卷→成包入库

印染加工的工艺流程中,印花后洗涤部分的工艺流程根据染料的品种不同,洗涤方式也不尽相同。

(1) 印花布洗涤工艺流程:见本书第九章第二节。

(2)印花布洗涤的通用设备:印花后的洗涤设备,是按照印花工艺流程和工艺条件进行选择的,设备的配置性能也要符合染料的性能要求。

①印花设备的种类:传统染整设备的型号,经历了 54 型、65 型、74 型几个阶段,现在趋于规范化,设备型号的命名是以纤维类别和工艺类别的汉语拼音字母表示的。常用的设备代号含义见表 2-15,常用染整联合机的分段代号见表 2-16。

表 2-15 染整设备型号含义

字母型号	设备类别	字母型号	设备类别
L	联合机	MZ	纱线染整机器类
M	棉染整机器类	MF	纱线染整机器类
MA	棉染整机器类	Q	丝绸染整机器类
MH	棉/化纤染整机器类	MH	化纤染整机器类
N	毛染整机器类	U	辅机(附属设备)类
MB	毛染整机器类	MU	染整辅机类
Z	针织染整机器类	T	通用件类
ME	针织染整机器类	MT	染整通用件类

表 2-16 常用联合机的分段代号含义

分段代号	含 义	分段代号	含 义
0××	烧毛、退、煮、漂	5××	印花
1××	轧水、烘燥	6××	印花后皂洗
2××	丝光	7××	拉幅、定形、整理
3××	染色	8××	检、码、装
4××	打底、热风烘燥(印花前处理)	—	—

现在的设备编号好多已经不是根据这一原则了,特别是民营企业的兴起,印染机械型号大多是按照机械企业的需要选定的,各企业没有统一型号,国家也没有规定,即便仍称为 LMH××机,其单元机的组成也不相同,有一些还是按照某印染厂的品种、厂房长度和经济能力特别订制的,但基本功能不变。

54 型和 71 型设备以 M、LM 型号为主,这些设备现在均被淘汰,74 型设备以 MH、LMH 型号为主,这些设备现在有一些已被淘汰。印花后水洗机型号及用途见表 2 – 17。

表 2 –17 印花后水洗机参考型号

水洗机型号	用途
LMH99E1	棉、麻及混纺织物印花后的水洗、烘燥
LMH99E2	棉、麻及混纺织物印花后的水洗、烘燥
LMH99E3	棉、麻及混纺厚织物印花后的水洗、柔软、烘燥
LMH99E4	棉针织物、合纤机织物印花后的松式绳状连续水洗
LMH99E600	厚棉针织物、合纤机织物印花后的松式绳状连续水洗、柔软、烘燥
LMH205 – 220	弹性针织物及纯棉、混纺织物的印花后水洗工艺
LMH206 – 220	单、双幅毛巾、浴巾等活性染料印花后显色、皂蒸、水洗、烘燥
SME206	纯棉、涤/棉、棉/氨、人造棉、针织物印花后的绳状水洗
SME208B	纯棉、混纺织物印花后的绳状水洗、烘干
LMA030	棉、麻及其混纺织物印花后的水洗
LMA031	棉、麻及其混纺织物印花后的水洗
LMH028	棉、麻及其混纺织物印花后的水洗

表 2 – 17 中的水洗设备只是一部分,绝大多数水洗设备具有相同的单元机,并以不同的个数组成,可根据印花企业的场地和工艺需要增减单元机的个数。

印染洗涤工

根据加工织物的幅宽可将平洗机的工作幅宽分为1100mm、1200mm、1400mm、1600mm、2800mm、3200mm等规格,按加工的层数可分为单层、双层、双幅三种,按织物运行状态可分为紧式、松式两种,根据洗涤效率可分为普通平洗机和高效平洗机,洗涤车速为40~70m/min。

高效平洗机区别于普通平洗机之处在于：高效平洗机用最少的能源、最短的设备、最少的洗涤剂,在最短的时间内完成织物洗涤。

目前采用提高洗涤效率的方法以及在平洗设备上采取的主要措施有逆流洗涤、高温蒸洗、强力喷轧和机械振荡几个方面。

a. 逆流洗涤：洗涤液与污物液浓度差是产生扩散传质的推动力,因此当织物上的污物向洗液扩散到完全平衡,即不再存在浓度差的情况下则扩散也就终止了,在洗涤过程中污物自织物上洗脱下来或自洗液中再吸附到织物上,是污物的浓度梯度变化决定的,并可认为是可逆的过程。所以在连续净洗的操作过程中,不断适量地排除含污浓度较高的洗液,以及补给洁净的或含污浓度较低的洗液乃是净洗得以顺利进行的一个首要条件,而采用逆流洗涤就创造了这样的条件,基于逆流洗涤的理论,采用逆流结构的平洗槽增加了织物上污物与洗液的交换速率,并可节约大量水和蒸汽。逆流洗涤的结构形式有三种,一是逐槽逆流,各平洗槽的洗液都相互连通,织物在平洗槽中的运行方向与槽内洗液的流动方向相反,最后一个平洗槽的液面最高,向前逐格降低至第一格平洗槽液面最低;二是槽内分格逆流,在每一格平洗槽内每两只导辊间装有双层隔板,织物出口处液面最高,然后逐格降低,洗液从隔板上面流向下面,依次逐格流向织物进口处,形成与织物相反的逆流;三是隔层逆流,平洗槽制成曲折的狭缝式,织物运行在只有40mm宽的隔层里逆流洗涤,这种结构洗液在隔层里流速较快,较前两种逆流装置具有显著的效果。

b. 高温蒸洗：在许可的工艺条件下,提高洗液温度能加大污物扩散速度。高温蒸洗对提高洗碱、洗色酚及洗涤活性染料等效果明显，这就是通过高温蒸洗箱洗涤。高温蒸洗箱的型式很多，主要类型有皂蒸箱、长蒸洗箱及去碱箱、小蒸洗箱、平洗加盖四种。蒸洗槽又称皂蒸箱，主要功能是蒸洗，箱体为水封密闭，有探视窗，内有上下两排导辊，布穿过箱内下半部的导辊浸没在水中，上半部的导辊及布在蒸汽中运行，起汽蒸作用。箱内有直接蒸汽加热管及进水管，蒸洗后有一对轧辊，大大提高了净洗能力。平洗加盖一般使用原来平洗格加盖，开启放下都方便，采用单独传动，织物断头较少，因为顶盖密封性差，仅适用于温度不太高的洗涤工艺。

c. 强力喷轧：在平洗槽之间的轧辊进轧点处装有喷水管，采用多次强力喷水，由重型轧液辊轧压的方式，强化织物内的洗液交换，或者采用多喷多轧的方法予以解决，还有的采用多次强力喷水和真空吸液的方法以强化织物内的洗液交换。强力喷洗设备的洗液一般是通过水泵循环输送喷射的，需设置过滤装置，以免短纤维和固体杂质堵塞喷口，也要避免循环液再次污染织物。

d. 机械振荡：以振荡所产生的动压力来破坏织物与洗液的边界层，以提高污物的扩散速率。目前机械振荡设备常用的方式有上导辊摆动式振荡平洗、转笼式振荡平洗和搓板式振荡平洗。

延长洗涤时间可通过适当增加每一平洗格的穿布长度，采用回形穿布路线来实现。或在许可的条件下增加需要的单元机，以满足足够的洗涤时间和洗涤速度。

②平洗机的组成及结构：平洗机中各单元机的机械结构参考如下：

a. 进布吸边器：见本书第六章第三节。

b. 平洗槽：平洗槽一般为多浸一轧或几个平洗槽连在一起多浸多

轧,槽的容量在 60~1000L 不等,有的配有加热装置,轧辊线压力为 150~450N/cm。箱体内有上下两排导辊,上四下五,导辊及布浸没在水中,上辊采用滚动轴承,底部有不锈钢轴承座,机械密封。容布量 10m。箱内吃料槽内设间接蒸汽加热管、进水管、排水阀和温度表,温度表在箱体侧面,表面与地平面呈 45°,便于观察。出布处有一对轧辊及分布板,起挤轧、导布和防止织物起皱作用,轧辊前有自来水喷水管。平洗槽可分别配置在皂煮箱前和皂煮箱后,一般是 2~4 个平洗槽连在一起,以加强洗涤效果。平洗格底部装有排液阀,可排尽槽内洗液,通常在洗涤条件和洗液相同时,设置倒流槽、溢流口和大锥度提拉式放水阀。几个相连的平洗槽隔板以逆流孔相通,各槽逆流孔的高度顺织物运行,使这几槽的洗液以逆流方式洗涤织物,沿洗涤方向逐槽递增平洗槽。箱体全部采用不锈钢板(图 2-7)。

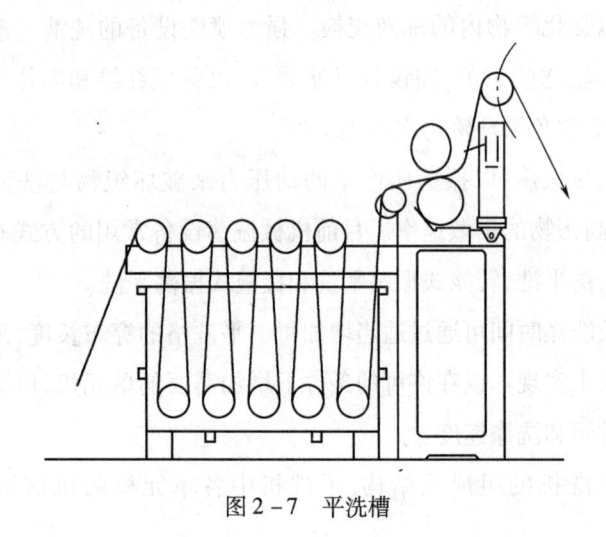

图 2-7 平洗槽

每格平洗槽出布处都装有平洗小轧车,平洗槽最后一槽出布进烘房前装有重型小轧车,常用小轧车为两辊硬轧辊,下面一只作为主动辊,有时也有三辊轧车。轧辊的材料有铸铁、铸铜、镀铬、包不锈钢、不锈钢、硬橡胶及软橡胶。钢辊 $\phi 220$，胶辊 $\phi 255$，压力 29400N。小轧车的加压形式有气压、液压及杠杆加压，加压的压力有 9800N、19600N、49000N，小轧车较多采用斜拉式结构，机架为铸铁，主动钢辊在下，被动胶辊在上。橡胶辊包覆丁腈橡胶，硬度为邵氏 A85±2。轧辊两端装有挡水圈，防止轧液进入轴承而损坏。控制箱配置调压阀、压力表、换向阀等。喷水管前常装有扩幅装置，如螺纹扩幅装置、弯辊扩幅装置。

c. 蒸洗箱：箱体端板采用 3mm 厚的 SUS304 不锈钢板，表面喷丸处理。采用不锈钢轴承座，机械密封。导辊直径 150mm，不锈钢板和碳钢板的包覆辊，导辊壁厚 4mm，上五下六结构，容布量 15m（图 2-8）；也有上九下十结构的大蒸洗箱（图 2-9），容布量 30m。箱体的顶部开门，便于做清洁工作。箱体内设置蛇形回流和逐格倒流，分格水洗，达到节约用水、节约用汽的目的，前后倒流高度差 60mm。内设直接蒸汽加热管，均匀加热，可降低噪声。内置张力架，使织物在空气中滞留的时间短，有利于节能降耗。左右大钢化玻璃门，便于观察内部情况。温度表在箱体侧面，便于观察。环形橡胶密封条采用耐高温、密封好、耐酸碱腐蚀的硅橡胶结构。

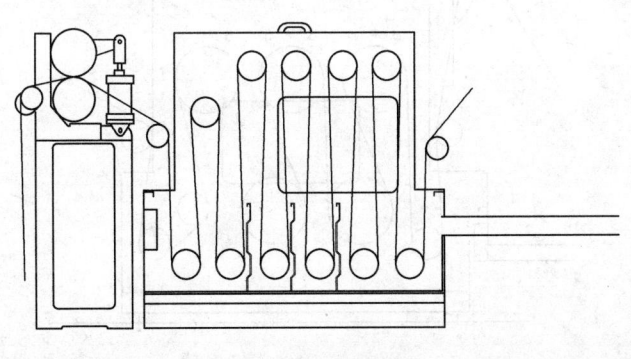

图 2-8 蒸洗槽

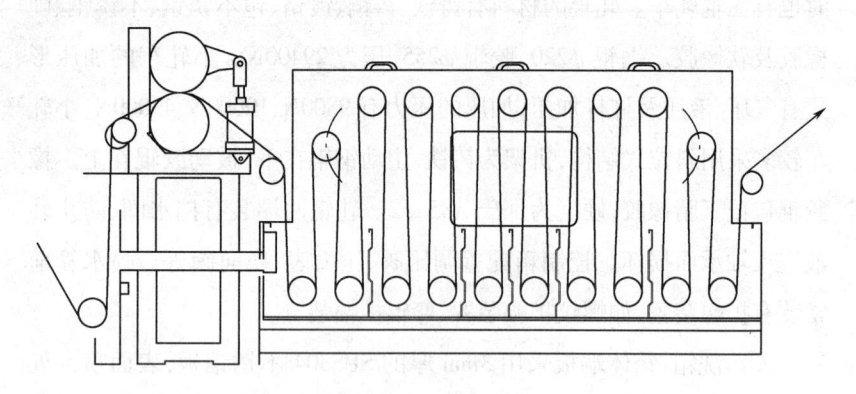

图2-9 大蒸洗箱

d. 喷淋槽：联合水洗机中配置大流量的喷淋槽是为了强化冲洗。转鼓大多为不锈钢丝制成，图2-10为一个上三下二的转鼓喷淋槽。洗液在喷冲时能穿透织物，使纱线间的浮色和浆料也一起被带走。可多浸、多轧、多喷淋和延长透风时间，采用交替透风和无底喷淋，能使糊料充分膨化、润湿，达到去除浮色的目的。无底喷淋也可防止水解染料集结再次沾色的可能性。

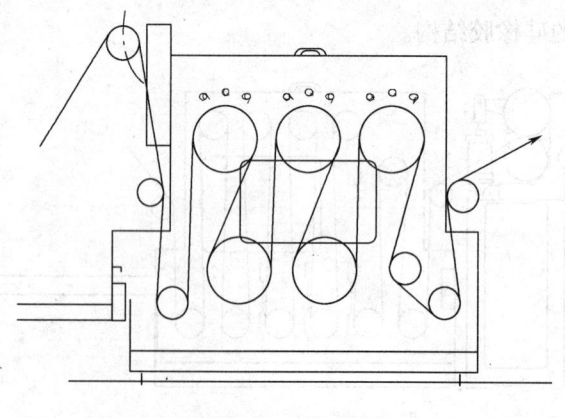

图2-10 喷淋槽

e. 皂煮箱：松式皂煮箱由圆网辊和托网布组成，图 2-11、图 2-12

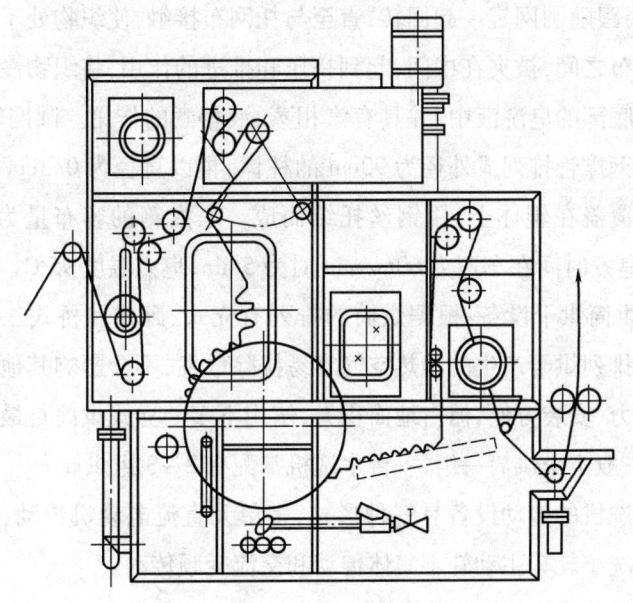

图 2-11　皂煮箱

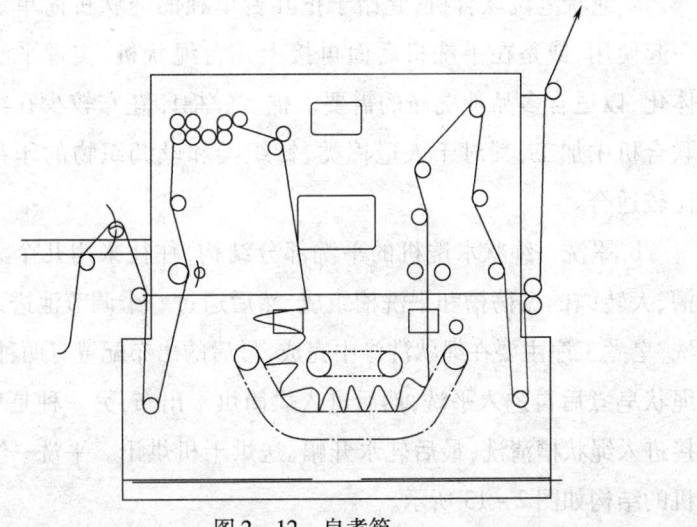

图 2-12　皂煮箱

是比较清晰的穿布路线。织物进入皂煮箱后,经过摆杆折叠下落到圆网辊上,跟随圆网辊一起回转,直至与托网布接触,使织物处于圆网辊和托网布之间,被夹在中间,起到挤压和推进的作用,将织物慢慢推送到箱体底部的皂洗液中,并具有汽相蒸、液相煮的作用。圆网辊由36根不锈钢撑管排列成外径为90cm的柱体,再以直径为0.3cm的不锈钢丝网覆盖在辊体上,用钢丝托结而成。皂煮箱的容布量为100~300m,皂煮时间在车速为60m/min时为5min,皂煮温度95℃。

f. 烘筒烘干设备:根据烘筒的排列有立式、卧式和桥式三种。卧式烘筒排列烘干产生的湿热空气容易排除散发,不会影响其他烘筒的烘燥能力,安装方便,但占地面积大,使用不多。立式烘筒是最常用的一种,一般十个烘筒一组,一台水洗机常配有2~3组烘筒。

平洗机的传动设备有三种形式,多单元直流电动机传动、直流电动机平洗小轧车主动轧辊集体传动和交流变频传动。

③绳状水洗设备结构:

a. 绳状皂洗联合机,起始于把几台单独的绳状机简单地串联在一起使用,或是在平洗机后面再接上几台绳状机,实现平洗绳状一体化,以适合多品种洗涤的需要。棉、涤/棉印花布较少在绳状皂洗联合机中加工,其对于人造棉类、针织类和丝绸织物的印花后洗涤比较适合。

b. 平洗—绳状水洗机的平洗部分结构,往往采用几个无底喷淋槽、大转鼓的振荡槽和平洗槽组成,然后通过一个调节池进入绳状水洗,皂煮工序主要在绳状洗涤中完成,最后的出布配置有两种,一种是绳状皂煮后再进入平洗,然后进入烘筒烘干出布,另一种是皂洗后直接进入绳状槽清洗,最后轧水开幅,送烘干机烘干。平洗—绳状水洗机的结构如图2-13所示。

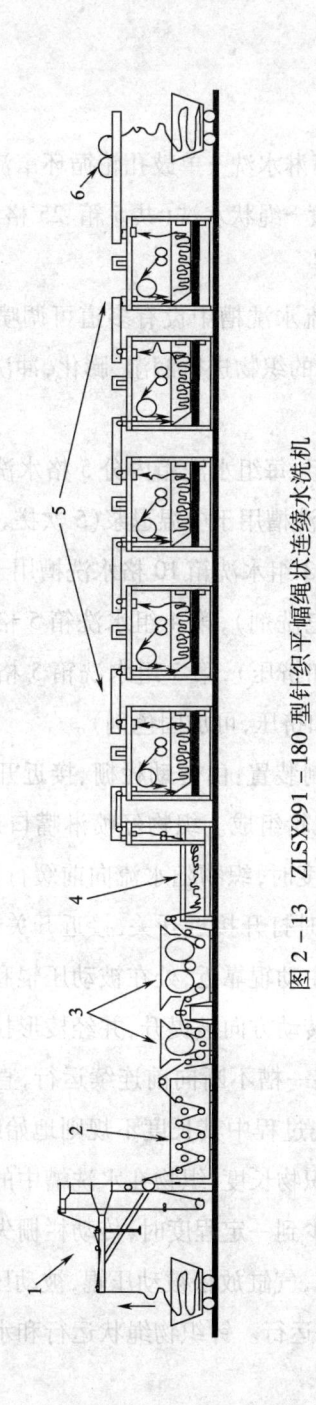

图 2-13　ZLSX991-180 型针织平幅绳状连续水洗机

1—进布装置　2—平幅喷淋槽　3—筒流水洗槽　4—膨润过渡槽　5—绳状水洗箱　6—落布装置

连续水洗流程：

平幅进布→对中→喷淋水洗→单鼓孔轮循环窜流水洗→双鼓孔轮循环窜流水洗→膨润过渡→绳状水洗（共5箱、25格水槽）→绳状真空脱水→开幅→对中→落布

在平幅喷淋槽和窜流水洗槽中设有多道可调喷淋装置和孔轮循环窜流水洗单元，对待洗的织物进行润湿、膨化，冲洗掉一部分浮色和浆料。

绳状水洗箱共有5组，每组水洗箱内分5格水洗槽。其功能分配为：第1组水洗箱5格水洗槽用于中温退浆（5次搓、揉、拍、打和挤压，可加防沾污剂），第2、第3组水洗箱10格水洗槽用于高温皂洗（10次搓、揉、拍、打和挤压，加皂洗剂），第4组水洗箱5格水洗槽用于高温过洗（5次搓、揉、拍、打和挤压），第5组水洗箱5格水洗槽用于中温过洗（5次搓、揉、拍、打和挤压，可加固色剂）。

水洗槽容布量的控制装置：由传动栏栅、接近开关、气缸、常转主动辊、被动压辊和棱形拉轮组成。织物经喷淋嘴口进入绳状水洗槽，当其滞留量达到一定程度时，织物随水流向前缓行推进传动栏栅，传动栏栅移动到一定位置时打开接近开关，接近开关指令气缸启动，气缸推动被动压辊向常转主动辊靠近，处在被动压辊和常转主动辊之间的绳状织物受压后随辊转动方向被提升，并经棱形拉轮送入下一水洗槽喷淋嘴口，如此一槽接一槽不断向前连续运行，直至最后出口。考虑到针织物在浸润、泡洗过程中其长度不规则地始终在变化，所以设备机械运行距离不等于织物长度，织物在水洗槽中的滞留量随长度变化而变化。当滞留量减少到一定程度时，传动栏栅失去推进力而自由下落，接近开关同时关闭，气缸放松被动压辊，被动压辊离开常转主动辊，绳状织物失压而暂停运行。针织物绳状运行和水洗槽容布量控制

是防止织物拉长的关键。

水洗机配置自动定量的补水补液装置：单组水洗箱内5格水洗槽又分为2格水洗槽清洗单元和3格水洗槽清洗单元，各清洗单元中的水是互通的。对每个清洗单元安装一组自动定量补水补液装置。装置由恒压水源、水阀、电子水流量计、脉冲定量泵和助剂池组成。补充水在恒压水源、水阀控制下定量补充到水洗槽，电子水流量计依据设定值将补水流量信号输入脉冲定量泵，脉冲定量泵根据补水流量大小从助剂池吸取定量助剂输入水洗槽。工艺数据存储在定量控制模块中，清洗单元助剂浓度始终保持设定值，在不同时间的连续水洗过程中，织物都在同一条件下洗涤，从而实现了水洗质量的均衡性。

节能减排的回流水利用装置：平幅喷淋槽、窜流水洗槽、膨润过渡槽的溢水倒流回用。五组绳状水洗箱十个清洗单元之间可任意组合成皂洗区、过洗区和固色区，区内实现溢水倒流回用。

七、水洗机械的操作常识

1. 开车前准备工作

开车前的准备包括接受生产任务的准备和开机前的设备检查，预热试启动。

每一个岗位包括进布工、出布工、挡车工都要对本班的生产计划任务有所了解，明确洗涤加工织物的花号、色号、织物规格、数量、印花使用的染料和需要洗涤的工艺处方。把需要的助剂领到配液桶旁，并配好第一桶料，明确轧槽温度、车速和洗涤后的比较标样的要求，包括白度、花色的鲜艳度和洗后色光与标样是否一致，是否需要改变穿布路线。进布工则首先要看生产卡中的记录内容，查前工序是否已经加工完毕。例如染料印花后的织物是否已经蒸化,布面颜色是否正常,并且预先要洗涤一块小样,与标样核对,发现问题及时与挡车工联系,同时要检查待加工的布是否已经拉出接头,缝头是否平直牢固,检查布边是否有破边需要重新缝好等。检查来布的质量要求是否能进行水洗,检查布面皱条、卷边、幅宽等是否符合平洗的加工要求。对于开车前要用的导布也要检查,不能用有断头、打结、破损、豁边等影响进布质量的导布来引布,以免开车后产生断头等事故。检查缝纫机是否完好可用,然后在要洗涤的织物上接缝好引头布。挡车工要检查全部平洗槽导辊、轧辊平行,左中右压力均匀。检查设备的清洁状态,清除花毛、布条缠绕、油污等杂质。检查导辊变速箱轴承是否损坏或缺油,凡应加油的轴承应该及时加油。检查水阀、汽阀、电源开关及所有的传动系统是否正常,若有问题必须找相关人员抢修,防止造成安全隐患。

出布工在开车前先预热烘缸,正确掌握烘缸操作法。开冷车时需预先开空车放冷凝水,打开排汽阀 10~15min 后再把蒸汽慢慢打开,蒸汽压力控制在允许的范围内。安全阀上不得任意加压物品,停车时必须先关闭蒸汽,再打开排汽阀和疏水器。挡车工需清洁配液桶和加液管道,检查温度计、压力表是否正常,检查水洗槽的蒸汽管阀门、自来水阀门、排水阀是否漏汽、漏水,发现问题及时检修。升温前平洗槽水位必须高于水槽底部的导辊,方能放入蒸汽,开始进蒸汽时蒸汽阀门不能直接开大,先开小阀门,待蒸汽完全流通于水中后再缓缓开大,同时生产中蒸汽不能开得太大,防止水烧开溅出伤及人体。

2. 启动、运转、停车的操作

一切检查工作结束并显示正常后,方可开启电源。机器运转前首先检查设备和安全装置,确认正常后方可启动设备。启动设备时必须做到前呼后应,先打铃后开车;机器起步引进导布或带,车速应慢,并加强监视,防止断头、皱条及设备故障的发生;缝头时必须集中注意力,认真操作,防止针扎手指和刀口割伤手指,缝头要平、直、牢、齐。穿头引带、揩车、揩轧辊、处理故障都必须停机进行,并切断电源,挂上安全警告牌。导布或布匹不能起皱和打结,发现时必须停车。烘缸及平洗槽穿头时,注意脚要踏稳,进蒸箱时,除停车和挂上安全警告牌外,必须等蒸箱降温后方可入内。机器运转中发现卷边和布匹歪斜,切忌在轧辊进口处剥边、拉边,应在远离轧点处将卷边剥开,夹上竹夹,并在落布时及时取出竹夹。纠正布斜也应在远离轧点处拉边。推布箱时手不准扶在箱角上,并时刻注意周围的人和物。发现电器设备失灵或故障,及时切断电源,停止使用并报维修人员进行检修,非电工人员,一律不得拆修电器设备。不得用水冲湿电动机、电器设备,也不得用湿手接触电器,以免触电。

生产结束停机时,应切断电源,轧辊抬高放松,蒸汽全部关闭。天冷或节日停车,胶木轧辊应用棉布或草包扎好。关闭水、电、汽阀门,水槽内污水排放净并冲洗干净,各轧辊放松压力,使轧辊分离,防止辊固定一点长时间受压变形。设备及周边场地做好清洁卫生,布车及工具摆放整齐。经全面检查确认无异常问题时,方可离开。

3. 运转故障处理的程序

发现机器运转存在故障,例如机器异声、张力不稳、压力不匀等故障应及时停车,关闭汽阀和水阀,处理好洗涤的织物,防止产生更多的疵布,并及时通知保养工及电工处理。

4. 设备的加油、清洁和保养

设备的日常维护保养,是指操作工每天在设备使用前、使用过程中和使用后必须进行的工作。操作工应熟悉设备性能、结构和原理,才能正确、合理地使用，精心地维护保养。按设备各部位润滑要求，按时加油、换油，油质符合要求，油壶、油枪、油杯齐全，油毡、油线清洁，油标醒目，油路畅通。通过对设备的清洁和保养，把工具、工件、附件放置整齐，设备内外清洁、无灰尘，各部位不漏水、漏汽、漏油。水洗设备的具体加油和保养周期见表2-18。

表2-18 设备的清洁保养

部件名称	检查周期	加油周期
平洗小轧车轴承	每年检查一次并换新油	滑动轴承每班加适量机油一次 滚动轴承每周加黄油一次
平洗小轧车加压销钉	—	每周加少量机油一次
平洗传动齿轮	每年检查一次	开式：每周加少量黄油一次 闭式：每年换新机油一次
平洗上导辊轴承	每半年检查一次	滑动轴承每周加适量牛油 滚动轴承每三个月加黄牛油一次
平洗下导辊及轴承	每二、三周检查一次	—

第二节 安全知识

根据国家有关部门发布的《中华人民共和国安全生产法》、《中华人民共和国消防法》、《安全生产行业标准管理规定》、《安全生产标准制修订工作细则》等法律和规章制度，坚持以人为本，全面、协调、可持续的科学发展观，以"安全发展"为指导原则，坚决贯彻"安全第一、预防为主、综合治理"的方针，按照"标本兼治，重在治本"的要求，以隐患排查治理为基础，提高安全生产水平，减少事故发生，保障人身安全健康，保证生产经营活动的顺利进行，全面提升企业安全生产水平。

通过建立安全生产责任制，制定安全管理制度和操作规程，排查治理隐患和监控重大危险源，建立预防机制，规范生产行为，使各生产环节符合有关安全生产法律法规和标准规范的要求,人、机、物、环境处于良好的生产状态,并持续改进,不断加强企业安全生产规范化建设。

一、安全制度

1. 企业安全生产责任制度

企业安全生产标准化工作采用"策划、实施、检查、改进"动态循环的模式,结合自身特点,建立并保持安全生产标准化系统;通过自我检查、自我纠正和自我完善,建立安全绩效持续改进的安全生产长效机制。

企业应建立安全生产投入保障制度,完善和改进安全生产条件,按规定提取安全费用,专项用于安全生产,并建立安全费用台账。

企业应建立健全安全生产规章制度,并发放到相关工作岗位,规范从业人员的生产作业行为。

企业安全生产规章制度至少应包含下列内容:安全生产职责、安全生产投入、文件和档案管理、隐患排查与治理、安全教育培训、特种作业人员管理、设备设施安全管理、建设项目安全设施"三同时"管理、生产设备设施验收管理、生产设备设施报废管理、施工和检维修安全管理、危险物品及重大危险源管理、作业安全管理、相关方及外用工管理、职业健康管理、防护用品管理、应急管理、事故管理等。

企业应根据生产特点,编制岗位安全操作规程,并发放到相关岗位。

单位应对从业人员进行安全教育和生产技能培训,使其熟悉有关的安全生产规章制度和安全操作规程,并确认其能力符合岗位要求。未经安全教育培训,或培训考核不合格的从业人员,不得上岗作业。

2. 加强职业健康管理

(1)企业应按照法律法规、标准规范的要求,为从业人员提供符合职业健康要求的工作环境和条件,配备与职业健康保护相适应的设施、工具。

（2）企业应定期对作业场所职业危害进行检测，在检测点设置标志牌予以告知，并将检测结果存入职业健康档案。

（3）对可能发生急性职业危害的有毒、有害工作场所，应设置报警装置，制订应急预案，配置现场急救用品、设备，设置应急撤离通道和必要的泄险区。

（4）各种防护器具应定点存放在安全、便于取用的地方，并由专人负责保管，定期校验和维护。

（5）企业应对现场急救用品、设备和防护用品进行经常性的检查维修，定期检测其性能，确保其处于正常状态。

3. 职业危害告知和警示

（1）企业与从业人员订立劳动合同时，应将工作过程中可能产生的职业危害及其后果和防护措施如实告知从业人员，并在劳动合同中写明。

（2）企业应采用有效的方式对从业人员及相关方进行宣传，使其了解生产过程中的职业危害、预防和应急处理措施，降低或消除危害后果。

（3）对存在严重职业危害的作业岗位，应按照 GBZ 158 要求设置警示标志和警示说明。警示说明应载明职业危害的种类、后果、预防和应急救治措施。

4. 职业危害申报

单位应按规定，及时、如实地向当地主管部门申报生产过程存在的职业危害因素，并依法接受其监督。从业人员享有的安全生产方面的权利有：

（1）知情权，即从业人员有了解其作业场所和工作岗位存在的危险、有害因素、防范措施和事故应急措施的权利。

（2）建议权，即从业人员有权对本单位安全生产工作提出建议。

（3）批评、检举和控告权，即从业人员有权对本单位安全生产工作中存在的问题提出批评、检举、控告。

（4）拒绝权，即从业人员有权拒绝违章指挥和强令冒险作业。企业不得因职工拒绝违章指挥、强令冒险作业而降低其工资、福利等待遇或者解除与其订立的劳动合同,用人单位不得以此为由给予处分,更不得予以开除。

(5)紧急避险权,即从业人员发现直接危及人身安全的紧急情况时,有权停止作业或者在采取可能的应急措施后撤离作业场所。

(6)劳动保护权,即从业人员有获得安全卫生保护条件的权利,有获得符合国家标准或者行业标准劳动防护用品的权利,有获得定期健康检查的权利等。

(7)接受教育权,即从业人员有获得本职工作所需的安全生产知识,安全生产教育和培训的权利。

(8)享受工伤保险和伤亡赔偿权,即从业人员因生产安全事故受到损害时,除依法享受工伤社会保险待遇外,依照有关民事法律尚有获得赔偿权利的,有向本单位提出赔偿要求的权利。

5.从业人员在安全生产方面的义务

(1)遵章守纪,服从管理。

(2)正确佩戴和使用劳动防护用品。

(3)接受培训,掌握安全生产技能。

(4)发现事故隐患及时报告。

(5)发现违章作业立即劝阻制止。

(6)发生事故积极抢救。

(7)对本单位的安全生产工作提出合理的建议和意见。

二、防火、防爆、防化知识

1.防火基本知识

(1)加强消防工作:消防工作的基本方针是坚持"预防为主,防消结合"。

①各单位消防工作应指定专门领导负责,制订结合本单位实际的防火工作计划。组建基本消防队伍,绘制消防器材平面布置图。

②消防器材管理要由保卫部门或指定专人负责,并进行登记造册,建立台账。

③明确防火责任区,将防火工作切实落实到车间、班组,做到防火安全人人有责,处处有人管。

④建立定期检查制度,杜绝火灾、爆炸事故的发生,若发现隐患,应及时整改,并在安全台账上进行记录。

(2) 火灾的定义:燃烧是一种同时放热发光的氧化反应。燃烧是有条件的,只有在可燃物、助燃物和火源这三个基本条件相互作用时才能发生。火是指具有一定温度和热量的能源,如火焰、电火花、灼热物体等。当燃烧危及生产设施或人身安全时,就叫做火灾。燃烧按可燃物质的物态不同分为气体燃烧、液体燃烧、固体燃烧三种。在日常生活中我们会常见火灾与爆炸交替发生的情况。

①爆炸时飞出的易燃物、溅出的油类引起火灾。

②燃烧波及易燃物品引起爆炸。如醋酸在常温下不能爆炸,在高温下有变成爆炸物的可能。

(3) 引起火灾的主要原因:

①用电不当,乱拉电线,电线超负荷,电器及电线未定期检查。

②存放易燃、易爆等危险货物的库房(场所)未使用防爆灯具。

③电流短路,电流增大,大量电能转变成热能;温度升高,易引燃附近易燃物或可燃物。

④接触电阻过大,造成大量电能转变成热能,使接触点处温度升高,引燃附近可燃物。

⑤静电作用,它可以通过不同物质相互摩擦而产生。

⑥运输、装卸、包装不当。

⑦周围环境与物质接触太近,如热源、火源与物质接触;水与遇水燃烧的物品接触,危险货物摩擦,撞击起火。

⑧雷击起火。

(4) 常用的灭火方法有 4 种:窒息法、冷却法、隔离法、化学抑制法。

①窒息法:隔绝空气,使助燃气体(如氧)与燃烧物分开,就可停止燃烧。

②冷却法:降低燃烧物质的温度,当降到燃点以下,就停止燃烧。

③隔离法:将燃烧物质与未燃烧物质分开,使火势孤立,不致蔓延。

④化学抑制法:采用含氟、氯、溴等的化学试剂,使链式反应中断,燃烧即停止。

(5) 常用灭火用具用品:

①液态灭火物质:水。

水具有显著的冷却作用,热容量大,水蒸发时能大量吸收热量,水蒸气既可冲淡燃烧区的可燃气体浓度,又能阻止氧气进入燃烧区,当空气中水蒸气达到30%以上就能灭火。水可以扑灭任何建筑物和一般物质(如棉织物,部分水溶性或水浸润的化学物质)的火灾。但禁用水扑灾以下火灾:遇水燃烧爆炸的物质,如钾、钠、镁、铝、过氧化物、电石、浓硫酸、熔融状的盐;带电设备的火灾,因水能导电;比水轻又不溶于水的易燃液体的火灾,如汽油、煤油。

②固态灭火物质:黄沙、泥土。

固体物质黄沙、泥土可以用来扑灭小量易燃液体和某些不宜用火扑灭的化学物品的火灾,但禁止用它来扑灭镁合金火灾,因为黄沙的主要成分二氧化硅与燃烧着的镁反应能放出大量的热,反而促进镁燃烧。另外,可以用湿棉被、湿麻袋扑灭初起的火灾。

③根据火种,正确使用灭火机。

a. 泡沫灭火机:普通泡沫灭火机用硫酸铝和碳酸氢钠溶液、发泡剂配制产生二氧化碳泡沫,可以用来扑灭汽油、煤油、油漆等易燃体的火灾。但不能扑救带电电器的火灾,因其有污迹存留,不能扑救精密仪器仪表及贵重物品的火灾;因其与忌水性物质接触后燃烧,不能扑救忌水性物品产生的火灾。使用时要注意:灭火机应置于干燥、阴凉、容易看到和取下的地方;经常疏通喷嘴,防止堵塞。1~2年换一次配剂,对筒壳进行水压试验;使用灭火机时,要离开胸前20cm以上,以防喷嘴堵塞,筒内压力过大,发生筒体爆炸伤人;扑灭火源应从外围到中间;不要同其他灭火液体一起使用,否则会失去作用。

b. 1211化学液体灭火机:1211是(CF_2ClBr)一碳二氟一氯一溴甲烷。常温为液体状态,易于汽化。无色、无刺激性气味,对金属无腐蚀作用。1211灭火机适用于扑灭油类、易燃液体和气体、电器设备、精密仪器等的初起火灾,不宜用于扑救活泼金属、金属有机化合物、硼烷等物质的火灾。可在图书馆、文物、资料档案室、精密仪器室配备。使用时要注意:空气中含有1211,当浓度低于4%时,比较安全;超过5%时,能引起人体中毒。注意掌握灭火时间不宜过长,不要让气体、有毒物质接近人体。

c. 化学干粉灭火机:干粉灭火剂无毒、不易变质,对人畜无害、对容器无腐蚀,易长期保存使用。使用时要注意:火灾时,手提灭火机,撕去器头上的铅封,拔去保险销,一手握住胶管,将喷嘴对准火焰根部,另一手按下压把,干粉即可喷出灭火;喷粉要由近及远,向前平推,左右横扫,不使火焰窜回;喷粉不要直接冲击油面,以防飞溅,造成灭火困难。

(6)人身着火时的措施:

①迅速设法脱掉已着火的衣帽或把衣服撕碎扔掉。

②来不及脱衣,可就地打滚灭火或跳入附近的水塘、小河中。

③用湿麻袋、毯子包裹着火者。

(7)灭火时的注意事项:

①发现起火时应先判明起火的部位和燃烧的物质,并迅速报警。

②在报警的同时,消防队到达前,灭火人员可以采取断开电源、加强冷却、筑堤堵截、撤离周围的易燃易爆物质等办法控制火势发展。根据起火物质,采用相应的灭火用具用品。

③起火现场必须有人统一指挥,防止混乱。灭火中应注意防止中毒、倒塌、坠落伤亡等事故。

④灭火时注意观察起火的部位、物质、蔓延方向等,灭火后要注意保护好现场的痕迹和遗留物品,以便查明起火原因,便于分析事故。

2. 防爆基本知识

当物质在极短的时间内完成燃烧反应,燃烧产生巨大的热量与气体,气体受高热作用猛烈膨胀,造成压力波,具有极大的冲压力,这个现象就是爆炸。爆炸也有三个条件:可燃物、助燃物和一定的温度(如火源、火焰、火花、高温的灼热物)。燃烧与爆炸的区别在于氧化速度不同,决定氧化速度的重要因素是在点火前可燃物质与助燃气体(物质)是否混合均匀。例如,汽油在敞口容器里能爆炸;又如煤块可以安全地燃烧,而煤尘却能爆炸。爆炸按物态区分,可以分为四种:气体、蒸气爆炸,雾滴爆炸,粉尘、纤维爆炸,炸药爆炸。前三类是可燃物质与空气或氧均匀混合后才能爆炸,称为分散相爆炸,第四种是不需与空气混合的固体或半液体的爆炸,又称凝聚相爆炸。

(1) 防止汽油混合气体爆炸的预防措施:

①消除一切火种,禁止接近火源。

②安装防爆设备,如防爆灯、防爆开关。

③采取通风措施,降低温度。

④消除静电,使用无火花工具如铜锤、木槌等。

⑤严禁用墩布(尤其是化纤布)浸泡汽油拖地,禁止用锯末拌汽油擦地,以免摩擦产生静电引起火灾。

(2) 氢气、氨气、氧气瓶及天然气罐的防火防爆措施:

①要经常维护和检查管道、阀门和容器,发现漏气处要及时修理。

②在屋内嗅到液化石油气味,严禁点火、合电闸开关,应及时打开门窗通风换气。

③装在车上的气瓶要妥善地加以固定,防止气瓶跳动或滚动;汽车运气瓶一般应横向旋转,头部朝向一方,装车高度不得超过车厢高度。

④装卸气瓶轻装轻卸,防止抛装、滑放或滚动。

⑤夏季要有遮阳措施,防止曝晒。

⑥易燃品、油脂和沾油物品不得与氧气瓶同车装运。

⑦车上禁止烟火,运输可燃有毒气体瓶时,车上应备灭火器和防

毒用具。

⑧两种介质相互接触能引起剧烈反应的气瓶不应同车装运。

⑨留有余压,不得将氧气用尽。

⑩开气应缓慢。

⑪定期(每三年)进行技术检验,超期未检的气瓶停止使用。

⑫应用热水或蒸汽解冻,不得火烧或用铁器敲打。

(3) 加强易燃、易爆危险品的管理:对于易燃、易爆危险品的管理,必须按照国家有关规定,制订本单位的生产、储存保管、运输、使用、回收等安全操作规程。对于装置内部有易燃易爆介质,不停机检修时,应在环境通风良好、装置内部保持正压、易燃介质含氧量极低的情况下进行,防止爆炸。采用监测、警报仪器和防爆设备。用各种监测、警报仪器组成火灾报警网以及自动灭火系统。

3. 防化基本知识

(1)危险化学品中毒、污染事故预防控制措施:目前采取的主要措施是替代、变更工艺、隔离、通风、个体防护和保持卫生。

①替代:控制、预防化学品危害最理想的方法是不使用有毒有害和易燃、易爆的化学品,但这很难做到,通常的做法是选用无毒或低毒的化学品替代有毒有害的化学品,选用可燃化学品替代易燃化学品。例如,用甲苯替代喷漆和除漆用的苯,用脂肪族烃替代胶水或黏合剂中的芳烃等。

②变更工艺:还可通过变更工艺消除或降低化学品危害。如以往用乙炔制乙醛,采用汞做催化剂,现在用乙烯为原料,通过氧化或氯化制乙醛,不需用汞做催化剂,彻底消除了汞害。

③隔离:隔离就是通过封闭、设置屏障等措施,避免作业人员直接暴露于有害环境中。最常用的隔离方法是将生产或使用的设备完全封闭起来,使工人在操作中不接触化学品。隔离操作是另一种常用的隔离方法,简单地说,就是把生产设备与操作室隔离开,最简单的形式就是把生产设备的管线阀门、电控开关放在与生产地点完全隔开的操作室内。

④通风:通风是控制作业场所中有害气体、蒸气或粉尘最有效的措施,借助于有效的通风,使作业场所空气中有害气体、蒸气或粉尘的浓度低于安全浓度,保证从业人员的身体健康,防止火灾、爆炸事故的发生。

⑤个体防护:当作业场所中有害化学品的浓度超标时,从业人员就必须使用合适的个体防护用品。个体防护用品既不能降低作业场所中有害化学品的浓度,也不能消除作业场所的有害化学品,而只是一道阻止有害物进入人体的屏障。防护用品本身的失效就意味着保护屏障的消失,因此个体防护不能被视为控制危害的主要手段,而只能作为一种辅助性措施。同时,工作现场应禁止吸烟、进食和饮水。实行就业前和定期的体检;防护用品主要有头部防护器具、呼吸防护器具、眼防护器具、身体防护用品、手足防护用品等。

⑥保持卫生:卫生包括保持作业场所清洁和作业人员的个人卫生两个方面。经常清洗作业场所,对废物、溢出物加以适当处置,保持作业场所清洁,也能有效地预防和控制化学品危害。作业人员应养成良好的卫生习惯,防止有害物附着在皮肤上,防止有害物通过皮肤渗入体内。

(2)发生危险化学品中毒、污染事故的处理:

①应急处理:发生危险时,将有关人员安排至上风处,并立即进行隔离,严格限制出入。应急处理人员应佩戴自给呼吸器,穿防毒服;从上风处进入现场。尽可能切断泄漏源;合理通风,加速扩散,同时喷稀释中和液;对受污区域,进行有效隔离和防护。泄漏容器要妥善处理。

②急救措施:皮肤接触,脱去被污染的衣着,用流动清水冲洗;眼睛接触,提起眼睑,用流动清水或生理盐水冲洗,就医;吸入,迅速脱离现场至空气新鲜处,保持呼吸道通畅,若呼吸困难,输氧,若呼吸停止,立即进行有保护措施的人工呼吸,就医。

三、安全操作知识

(1)上岗时必须穿戴好规定的工作着装。

(2)工作前应详细检查所用工具是否安全可靠,了解场地、环境情况。

(3)各项操作要严格执行岗位操作规程。

(4)设备发生故障时要切断电源,并挂上警告牌。

(5)发生触电事故应立即切断电源,采用安全、正确的方法立即对触电者进行抢救。

四、安全用电知识

1.电气设备的防火

(1)电气设备应做到防雨、防潮,挂有防触电标志,避免漏电事故。

(2)检查电气设备时,应穿绝缘鞋,戴绝缘手套。

(3)了解应检查电器设备的具体状况后,再进行具体检查,检查时禁止用手触摸,用相应的电器经试验确认是否有电,再进行工作。

(4)检查高压电器设备时,检修人员与裸导体应保持1.8m以上的安全距离。同时应停电检修的必须停电检修,防止发生触电和烧毁试验仪表事故。

2.电气设备和线路应符合国家有关安全规定

电气设备应有可熔保险和漏电保护,绝缘必须良好,并有可靠的接地或接零保护措施;产生大量蒸气、腐蚀性气体或粉尘的工作场所,应使用密闭型电气设备;有易燃易爆危险的工作场所,应配备防爆型电气设备;潮湿场所和移动式的电气设备,应采用安全电压。电气设备必须符合相应防护等级的安全技术要求。各种设备和仪器不得超负荷和带故障运行,并要做到正确使用,经常维护,定期检修,不符合安全要求的陈旧设备,应有计划地更新和改造。

第三节 相关法律、法规知识

1.了解《中华人民共和国劳动法》的相关知识

本法旨在完善劳动合同制度,明确劳动合同双方当事人的权利和义务,保护劳动者的合法权益,构建和发展和谐稳定的劳动关系。

2.了解《中华人民共和国产品质量法》的相关知识

本法规定了生产者、销售者应当建立健全内部产品质量管理制度,严格实施岗位质量规范、质量责任以及相应的考核办法。

3.了解《中华人民共和国合同法》的相关知识

本法旨在保护合同当事人的合法权益,维护社会经济秩序,促进社会主义现代化建设。

4.了解《中华人民共和国环境保护法》的相关知识

本法规定了一切单位和个人都有保护环境的义务,并有权对污染和破坏环境的单位和个人进行检举和控告。

5.了解《中华人民共和国安全生产法》的相关知识

本法旨在加强安全生产监督管理,防止和减少生产安全事故,保障人民群众的生命和财产安全,促进经济发展。安全生产管理,坚持安全第一、预防为主的方针。生产经营单位必须遵守本法和其他有关安全生产的法律、法规,加强安全生产管理,建立、健全安全生产责任制度,完善安全生产条件,确保安全生产。生产经营单位的主要负责人对本单位的安全生产工作全面负责。生产经营单位的从业人员有依法获得安全生产保障的权利,并应当依法履行安全生产方面的义务。工会依法组织职工参加本单位安全生产工作的民主管理和民主监督,维护职工在安全生产方面的合法权益。生产经营单位必须执行依法制定的保障安全生产的国家标准或者行业标准。

6.了解《中华人民共和国消防法》的相关知识

本法旨在预防火灾和减少火灾危害,加强应急救援工作,保护人身、财产安全,维护公共安全。

7.了解《中华人民共和国专利法》的相关知识

本法旨在保护专利权人的合法权益,鼓励发明创造,推动发明创造的应用,提高创新能力,促进科学技术进步和经济社会发展。

8.了解《中华人民共和国著作权法》的相关知识

本法旨在保护文学、艺术和科学作品作者的著作权,以及与著作权有关的权益,鼓励有益于社会主义精神文明、物质文明建设的作品的创作和传播,促进社会主义文化和科学事业的发展与繁荣。

9. 了解《中华人民共和国商标法》的相关知识

本法旨在加强商标管理,保护商标专用权,促使生产、经营者保证商品和服务质量,维护商标信誉,以保障消费者和生产、经营者的利益,促进社会主义市场经济的发展。

10. 了解《中华人民共和国标准化法》的相关知识

本法旨在发展社会主义商品经济,促进技术进步,改进产品质量,提高社会经济效益,维护国家和人民的利益,使标准化工作适应社会主义现代化建设和发展对外经济关系的需要。工业产品方面,要求以下项目制定标准:工业产品的品种、规格、质量、等级或者安全、卫生要求;工业产品的设计、生产、检验、包装、储存、运输、使用的方法或者生产、储存、运输过程中的安全、卫生要求;有关环境保护的各项技术要求和检验方法;有关工业生产、工程建设和环境保护的技术术语、符号、代号和制图方法。

11. 了解《中华人民共和国计量法》的相关知识

本法旨在加强计量监督管理,保障国家计量单位制的统一和量值的准确可靠,有利于生产、贸易和科学技术的发展,适应社会主义现代化建设的需要,维护国家、人民的利益。在中华人民共和国境内,建立计量基准器具、计量标准器具,进行计量检定,制造、修理、销售、使用计量器具,必须遵守本法。

12. 了解国内国际纺织品相关条款的常识

国际上,主要纺织品相关条款都要依据《中国加入 WTO 工作组报告书》、《中国入世议定书》以及 WTO 体制内的相关规定或协议。譬如"绿色壁垒"是指发达国家为保护环境和保障人身安全,通过立法或制定严格的强制性技术标准,限制不符合其生态环保标准的国外产品进口。例如《欧盟生态纺织品标准》、《Oko-tex 100 纺织品环保标准》、《关于禁止使用偶氮染料的指令》等。这些法律法规对纺织品中有毒物质,包括 pH 值、甲醛含量、可萃取重金属、农药残留、偶氮染料的最高限量以及染色牢度级别等分别做出了严格的规定,并且这些法规性技术标准,已经成为鉴定纺织产品质量的重要国际标准,在国际贸易中被强制性地广泛采用。由于这些强制性的技术标准都是以欧美发达国家自己的技术水平为基础,发展中国家为达到这些要求,会使其纺织品出口成本上升。一方面因为厂家为了避免产品中含有禁用染料,不得不使用昂贵的环保染料;另一方面由于禁用染料检测费用较高,如印花制品必须对每种颜色抽取样品,并对每个样品逐个进行检测分析,而检测费是根据色样的多少来收取的。

绿色工业是我国绿色国民经济体系的一个重要环节,发展循环经济,建设节约型社会,转变经济增长方式,必须制定和实施绿色发展战略。工业企业必须制定以循环经济为依托的绿色发展规划和实施方案,按照绿色低碳理念设计企业的发展战略、生产流程、营销模式和企业文化。

13. 了解《公民道德建设实施纲要》的相关知识

基本道德规范:爱国守法、明礼诚信、团结友善、勤俭自强、敬业奉献。

社会公德:文明礼貌、助人为乐、爱护公物、保护环境、遵纪守法。

职业道德:爱岗敬业、诚实守信、办事公道、服务群众、奉献社会。

家庭美德:尊老爱幼、男女平等、夫妻和睦、勤俭持家、邻里团结。

思考题

1. 印染用水有哪些要求?
2. 什么叫溶质,什么叫溶液,什么叫溶剂?
3. 要配制 2g/L 皂洗剂溶液,料筒 500L,请写出配制过程和计算方法。
4. 现有浓硫酸(98%),请写出配制硫酸标准溶液 0.1mol/L $c(\frac{1}{2}H_2SO_4)$ 标准溶液的操作程序。
5. 常用染料有哪几种(写出 6 种),分别上染哪几种纤维?

6. 叙述染料印花(选一种染料)后的水洗工艺流程。
7. 常用纺织纤维有哪几种？鉴别纤维有哪几种方法？写出6种纤维用燃烧法来鉴别。
8. 纺织品的分类方法有哪几种，分别举例说明。
9. 漂布的洗涤有哪些设备，洗涤工艺流程是怎样的，举例说明。
10. 染色布的洗涤有哪些设备，洗涤工艺流程是怎样的，举例说明。
11. 印花布的洗涤有哪些设备，洗涤工艺流程是怎样的，举例说明。
12. 机织布印花后水洗使用的水洗机通常有哪些部分组成，各部分的作用是什么？
13. 高效平洗机的特点有哪些？
14. 水洗机开机前有哪些准备工作，如何做好？
15. 水洗机运转时的监控内容有哪些？
16. 关机后的处理事项有哪些？
17. 洗涤设备日常遇到故障时如何处理？
18. 水洗机的日常保养工作有哪些？
19. 水洗机的操作应注意什么？
20. 职业道德和职业守则包括哪些内容？
21. 工厂安全生产包括哪些方面？
22. 阐述灭火器材的使用方法和对象？
23. 你所在的工种需要注意哪些安全问题？
24. 火警发生后的处理方法有哪些？

下篇 初级工

第三章 洗涤前准备

第一节 洗涤织物准备

学习目标：了解洗涤前坯布准备等各项要求，熟练掌握印花布洗涤的前准备工作。

一、操作技能

1. 看懂本岗位生产基本要求

（1）洗涤加工的基本要求：洗涤加工运用于纺织品的前处理、染色、印花的后道工序。前处理后的洗涤是为了去除煮练或练漂后织物上的浆渍、蜡渍等杂质，同时也洗去练漂时使用的化学助剂，使布面达到一定的白度、吸水性、柔软度、弹性等物理和化学指标，有利于后续加工的进行。染色后的水洗是为了洗去吸附在织物表面的浮色，使染色产品符合各种测试需要的牢度，例如耐干湿摩擦牢度、耐水洗牢度、耐皂洗牢度等。印花后的水洗是为了洗去布面的浆料、浮色染料以及印花时采用的各种染化料助剂，例如活性染料印花，其固色率只有 65%~85%，未固色的染料在洗涤时溶入洗液会沾污织物，先用大量的冷水冲洗，洗液迅速排放，冲去大量的染料浮色和碱剂，然后再进行热水洗、皂洗、温水洗，使布面柔软，色彩艳丽，耐干湿摩擦牢度、耐水洗牢度、耐皂洗牢度等指标符合加工的要求。

(2)洗涤加工的基本内容:洗涤过程大致可分为三个阶段,一是使织物充分润湿,冲去大部分浮色和浆料;二是把未与纤维结合的染料和已经膨化的浆料从织物上分离下来并扩散到洗液中去;三是通过皂洗把织物上的浮色清洗干净,避免扩散到洗液中的染料再次沾污织物。整个水洗过程也就是染化料助剂和浆料从固相向液相传递和迁移的过程。印花后的水洗加工技术从印花选用的染料工艺来分有以下几种:第一种是活性染料印花的水洗工艺;第二种是还原染料印花的水洗工艺;第三种是不溶性偶氮染料印花的水洗工艺;第四种是分散染料印花的水洗工艺;第五种是阳离子染料印花的水洗工艺;第六种是还原染料印花的水洗工艺;第七种是特种水洗工艺,例如涂料印花的水洗工艺、涂料拔印的水洗工艺、牛仔布拔印的水洗工艺、金银粉(片)和染料同印的水洗工艺等。我们在生产前必须根据布匹流转卡和作业计划表要求进行水洗加工。

2.识读生产任务单及识别织物正反面

(1)看懂作业计划表:作业计划表是指导操作工如何水洗的指导书,水洗加工的基本对象(网号、色号、织物规格、印染工艺、数量)和工艺要求(水洗要求和水洗工艺流程、用料选择),以及生产的数量。虽说都是洗布,但是不同的印花工艺对应着不同的水洗工艺,才能达到水洗的预期效果。

(2)看懂生产流程卡:生产流程卡是随布匹流转的卡片,是在工厂管理中随布车运行到每一道工序的指南,它告诉员工这车布的生产日期、客号、品号品名、数量、成分、印染的加工工艺,需要经过的加工工序,以及每道工序经过时间的记录和操作工的签名。看到布车先看流程卡,生产的面料是否与卡上写的相符合。要是两者有不符点,需要告知有关人员解决。确定正确无误后方可进行水洗生产加工。

(3)识别织物的正反面:

①平纹织物的正反面:平纹织物是由两根经纱和两根纬纱组成一

个单元的组织循环。经纱和纬纱每隔一根纱线交错一次,所以正反面的结构完全一样,特征相同。也就是说,平纹织物在染整加工中没有正反面之分。在织造时通常以布机交班的一面为正面,作为评分标准。平纹织物常规产品有纯棉织物,涤棉混纺织物和人造棉织物的平布、细布和府绸;毛织物中的凡立丁;丝绸中的塔夫绸;麻织物中的夏布等。

②斜纹组织的正反面:织物中相邻的经纬纱上连续的经纬组织点排列成斜线,织物表面呈现连续斜纹,为斜纹组织。棉布类斜纹组织的面料有卡其、华达呢、哔叽,大多数采用 13.9tex×2 做经纱、27.8tex 单纱做纬纱。一般斜纹纹路清晰,凸出来的为正面。

③缎纹组织的正反面:缎纹组织中相邻的两根经纱(或纬纱)上单独组织点均匀分布,由相邻的经纱或纬纱的浮长线所遮盖,但不相连续的织物组织称为缎纹组织。纱线每交叉一次要相距几根纱线。缎纹组织有经缎和纬缎之分,这类织品光滑而柔软,富有弹性。表面经纱浮上的是直贡、纬纱浮上的是横贡。缎纹组织有直贡缎、横贡缎和羽绸。

④提花组织的正反面:提花布是以织物局部的斜纹或缎纹组成花型,以混纺织物居多,有小提花和大提花之分,一般都以花型凸出的一面为正面。

二、相关知识

(1)棉布的常规表示方法:经纱线密度×纬纱线密度/经密×纬密,经纱、纬纱都是 14.6tex,经密 393.7 根/10cm、纬密 354.3 根/10cm 的棉布的表示方法为 14.6tex×14.6tex/393.7 根/10cm×354.3 根/10cm。交织的棉布例如 27.8tex+14.6tex×14.6tex 表示经线是一根 27.8tex 的棉纱和一根14.6tex的棉纱交织,纬线是 14.6tex 棉纱。

(2)涤棉布的表示方法:T/C65/35·16.7tex×16.7tex·299 根/

10cm×205 根/10cm·243.8cm/246.4cm,表示成分为涤 65/棉 35,线密度为经 16.7tex,纬 16.7tex,经密 299 根/10cm,纬密 205 根/10cm,幅宽 243.8cm 或 246.4cm。

(3)棉布的规格:棉布的规格主要是指线密度、密度、幅宽、重量和匹长。其中线密度表示纱的粗细程度。单位为 tex。经纱或纬纱密度表示 10cm 长度内纱线的根数。幅宽是指织物横向两边之间的距离,棉布成品幅宽一般为 74~91cm,宽幅为 112~167.5cm。重量是指织物单位面积的重量,一般每平方米克重是对坯布进行考核的项目,棉布的重量为 70~300g/m^2。

三、注意事项

织物的正反面一般是按织造规格来区分的,但是在印染加工中有时候往往会将织物的反面做正面使用,特别是印花织物,有的客户喜欢把花印制在织物的反面,以取得特殊的效果,也有的客户印花在织物正面,让花型均匀地渗透到布的反面,作为服装的正面使用,产生一种朦胧的效果。所以在加工过程中,除了应正常区分织物的正反面,还需要看清加工的生产单,按工艺卡上的内容,按客户要求进行加工。

第二节 缝头和穿布知识

学习目标:通过国家职业培训,使员工熟悉、熟练本岗位的应用知识和操作技能,熟练掌握印花布洗涤的缝头和穿布知识。

一、操作技能

1. 正确缝头

缝头时看清每车布的正反面,连续水洗机水洗时,同一花色缝在一起,缝边如果是普通缝纫机,则每厘米 3~4 针,离边 2cm。缝的边道要平整,两头要打回针。不同花色之间的接缝,中间必须用导布隔开,导布的长度视平洗机的工艺而定,如果中间要换水,那么就需要足够长的导布来保证换水时间,如果是连续水洗,那么由于门幅的不同需要过渡,则 5~10m 即可。

2. 准确进布

进布时调节好吸边器、对中装置,调节好进布张力,开慢车平整地进布,导布结束后把车速增加到工艺需要的速度。如果需要重新穿引头布,则需要开慢机引布,在每槽穿头时必须停机,烘干及平洗槽穿头时,注意脚要踏稳,注意操作安全,开机穿布不能同时进行,做到开机引布、停机穿头。

3. 各洗涤槽轧辊压力的调整

根据洗涤布的品种、厚薄和表面的织造纹路,调节好洗涤槽压辊的压力,压力的大小以带动布正常运转为宜,洗涤时布的张力不宜过大。

二、相关知识

1. 缝纫机的使用方法及缝头的工艺要求

缝纫机分家用和工业用两种,家用缝纫机是脚踏缝纫机,工业缝纫机是电动机带动的缝纫机,速度较快。无论是哪种缝纫机,使用时都要穿针引线,线轴按出线的逆时针方向摆放,线头别在线卡里留长一些,关上线盒盖,再将明线那头从针眼里穿好,也留长些,手指摁住明线的一头,打开开关或者手动走几针再一拉明线,暗线就出来了。如果线能顺利地出来,就说明暗线的线头别在线卡的位置正确,出线不顺的话,把在线卡里的线变换个方位卡一下再试,穿好线后开启电源。

缝头是把每车布的布头与布头连接起来,达到连续水洗的目的。根据流程卡上的网号、色号、品种、数量进行缝头。看好印花布的正反面,按水洗顺序进行缝接。对于同一种规格品种的织物,先把两匹布的布头两端对齐缝制,缝接时将准备缝接的布边平整地压在压板上,按"寸动"开始缝接,待布边切入后脚踏开关,先慢后快地进行缝制,缝制时一只手拿着布边,另一只手整理两匹布的布边在同一位置,且掌握好两匹布的松紧程度。缝制线离边两厘米左右,遇到不平整的布头要剪平再缝,上下边松紧一致。当遇到门幅不一致时,使水洗机的吸边装置沿一边对齐,另一边在进布时调整吸边装置位置,如果使用对中装置,那么缝头时对准两匹布的中点进行缝制,使两边留出的布边长度基本相等。缝头时注意织物的正反面,匹与匹之间的缝头线离布头 1~3cm 处,缝太多会影响水洗时布头通过小轧辊的速度,在绳洗时还会引起堵布现象。边要缝牢,缝头收紧,对于弹性织物的缝边,线的松度要达到布的最大弹性,防止水洗时布自然伸长使缝线拉断,影响水洗质量。不同色号或者花型之间的缝头,如果换了色号或花型不换水,那么就可以把不同色号或不同花型缝接在一起;如果不同色号或不同花型水洗时需要换水再洗,那么就需要在不同色号或花型之间接上足够长的换水导布,导布至少要贯穿水洗机。若发现流程卡上的数量与实际数量有出入,应及时与负责人联系。缝头时不能把布弄脏。一般需要生产一车缝接一车,然后再准备一车,做到水洗不脱节。操作工在接布时发现布边严重起皱时,应停止缝接,检查缝纫机。

2. 穿布路线及要求

皂洗机穿布路线在没有特殊要求的情况下,经过每槽的每只辊筒都需要穿过。如果有时候需要跳开某道工序或某个水洗槽,那么需要进行特定的穿布。

图 3-1 为 LMH99E1 印花后水洗机整机的穿布路线图,其各槽穿布路线如图 3-2~图 3-5 所示。

图 3-1 LMH99E1 印花后水洗机穿布路线
1—进布单元 2—水洗槽 3—水洗槽 4—蒸洗箱 5—喷淋箱 6—蒸洗箱 7—轧辊
8—皂煮箱 9—吸边对中 10—大蒸洗箱 11—蒸洗箱 12—蒸洗箱 13—蒸洗箱
14—轧车 15—两组烘筒

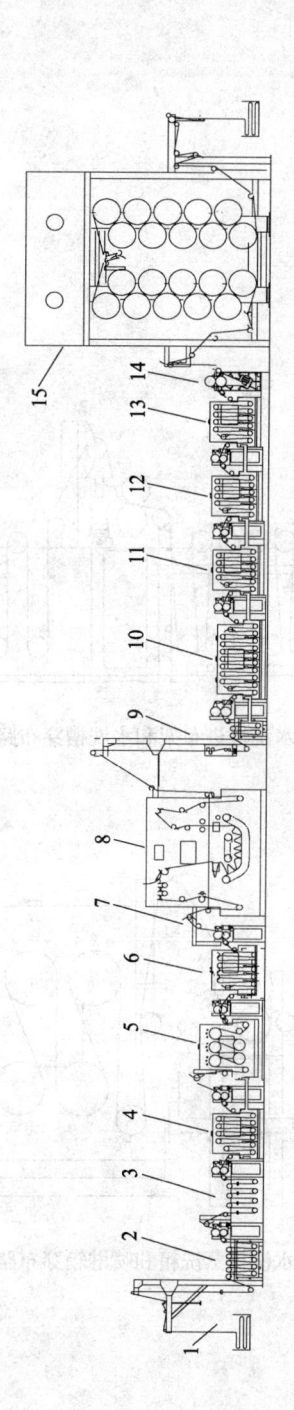

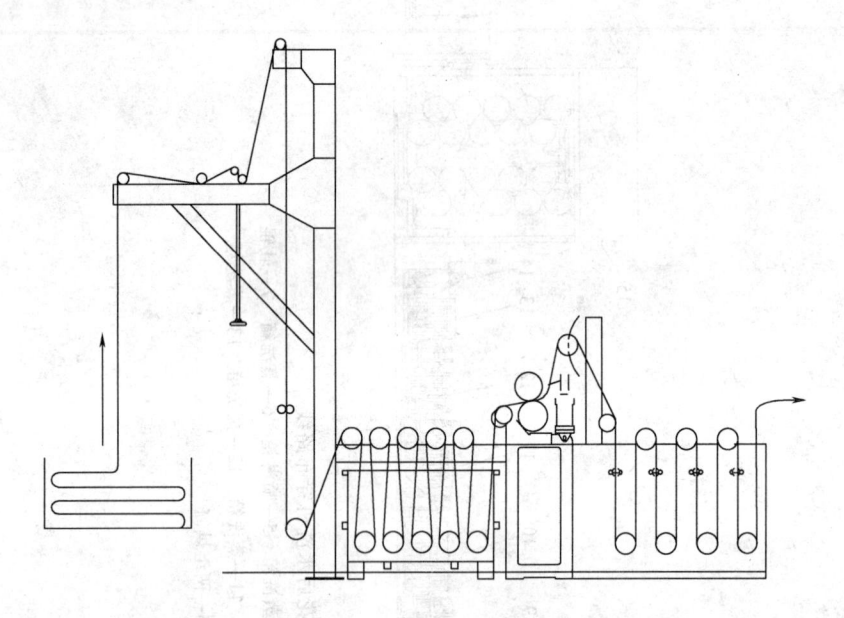

图 3-2　LMH99E1 水洗机进布架和水洗槽穿布路线

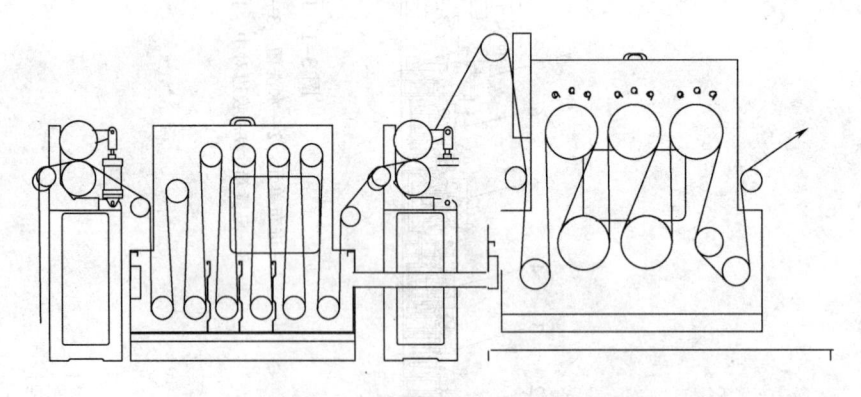

图 3-3　LMH99E1 水洗机蒸洗箱和喷淋箱穿布路线

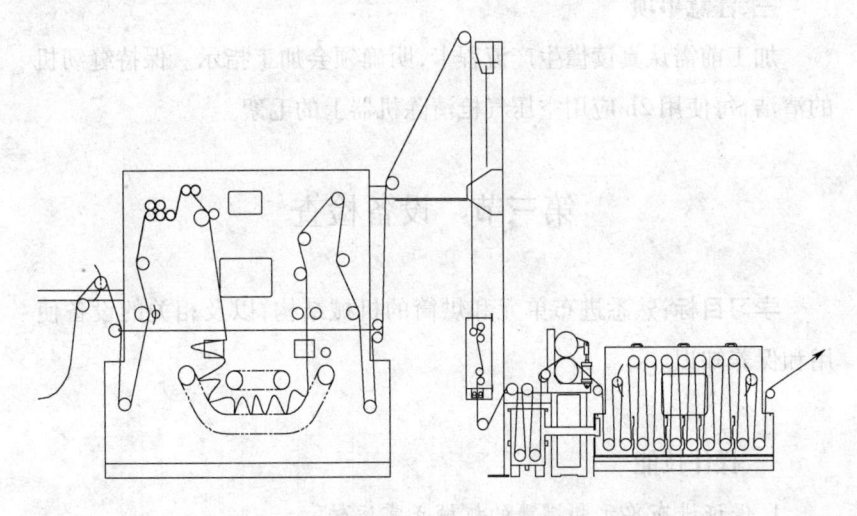

图3-4 LMH99E1 水洗机皂煮箱、吸边对中和蒸洗箱穿布路线

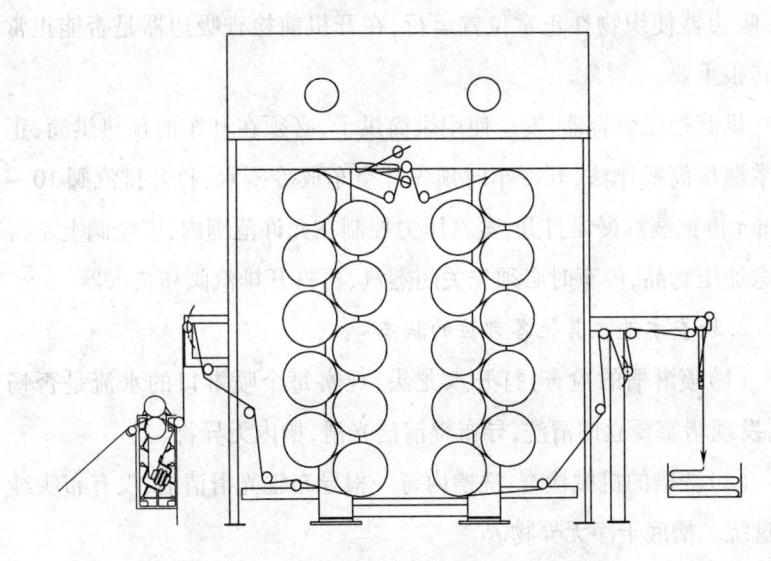

图3-5 LMH99E1 水洗机轧车和烘筒穿布

三、注意事项

加工前需认真读懂生产流程卡,明确领会加工指示。保持缝纫机的清洁,每使用2h应用空压气枪清除机器上的毛絮。

第三节 设备检查

学习目标:熟悉进布单元和烘筒的机械结构,以及相关的设备使用和保养知识。

一、操作技能

1. 保证进布单元和烘筒的机械正常运转

检查进布单元的导布辊,保证其运转正常,调节好进布吸边器位置,吸边器使织物在正常位置运行,在开机前检查吸边器是否能正常运转很重要。

烘筒是压力容器,安全使用烘筒烘干,必须在开车前预热烘筒,正确掌握烘筒操作法,开冷车时预先开空车放冷凝水,打开排汽阀10~15min再把蒸汽慢慢打开,蒸汽压力控制在允许范围内,安全阀上不得任意加压物品,停车时必须先关闭蒸汽,再打开排汽阀和疏水器。

2. 检查水洗机其他各部位的状态

(1)喷淋槽的检查:打开水龙头,观察每个喷淋口的水流是否畅通,发现堵塞要立即清洗,导布辊清洁光滑,槽内无异物。

(2)洗槽的机械检查:洗槽内每一根导布辊光滑清洁,没有布头纱线盘绕。槽底干净无异物。

(3)落布装置的检查:落布装置摆动正常,滚筒上无缠绕物,吸水泵运转正常。

3. 其他水洗机的检查

(1) 间歇式水洗机的检查：检查缸体内有否杂物需要清除，导布辊上裹着的布是否干净，必要时换布。开启进水龙头进水，再关好放水塞，观察是否漏水。开启电源开关，观察设备是否运转正常。

(2) 工业水洗机的检查：打开盖板，观察桶内是否清洁、光滑，放入清水，检查有否滴漏，关上盖板，启动电源开关使其慢速运转，听电动机声音是否正常。再关闭电源，准备洗涤的操作。

二、相关知识

1. 烘箱的结构和组成

有两组各十筒的烘筒组成的烘房，也有三组烘筒组成的烘房。烘箱由轧车、立柱、烘筒、扩幅装置架、传动装置、管道及疏水器等部分组成，烘筒由不锈钢制成，常规的烘筒直径有570mm或800mm两种。由皮带传动烘筒，外带安全防护罩，每柱配置两套张紧装置。每个烘筒均配置高质量导汽管、进汽头和回汽阀。烘房顶部采用不锈钢制作的封闭罩，顶部设有回形加热盘管，加热防滴水，同时设有轴流风机排风。采用气缸式松紧架，织物张力可通过调节气压来调整。烘房两侧设有走台，中间连通，便于操作与维护。采用半浮球背压式疏水器，单柱集中疏水，烘燥机冷凝水全部回用作为水洗用水，可节约用水、用汽。下面是烘筒烘燥的工作原理。

蒸汽总管中的加热蒸汽
　↓
烘燥机的空心立柱
　↓
各烘筒 → 含湿织物 → 蒸发出水蒸气
　↓
冷凝水
　↓
排水斗或虹吸管 → 疏水器（回汽管）→ 排水端的立柱 → 排出机外

印染洗涤工

烘筒使用的加热蒸汽,由蒸汽总管通入烘燥机的空心立柱,分别引入各只烘筒。每根进汽管上都装有调节阀、安全阀和压力表各一只,当单位面积上的蒸汽压力超过规定压力时,安全阀便会自动开启,放出超压的蒸汽。进入烘筒内的蒸汽,将热量传递给围绕于烘筒表面的含湿织物后,蒸汽由于散失了热量而冷却成水,冷凝水由排水斗或虹吸管排出烘筒,进入出水管,经疏水器排出机外,防止了水和汽同时排出。烘筒按材料分为紫铜烘筒和不锈钢烘筒两种,目前均为不锈钢烘筒。按排除冷凝水装置分为水斗式和虹吸式两种类型。为了防止烘筒烘燥机热量的散失和车间的温度升高,在烘筒立柱外都装有隔热烘房。在织物烘燥过程中,蒸发出大量的水蒸气。为了使这些水蒸气不影响烘燥效率,在烘房顶部装有自然排风的烟囱,将废气排出室外。为了便于烘筒的清洁工作,在每只立柱的上方,装有向下开有许多小孔的喷水管,便于冲洗烘筒。

烘筒轴承的作用是支承烘筒,并对引入烘筒内的蒸汽或排出筒外的冷凝水起密封作用。目前常用的烘筒轴承有柱面密封型、平面密封型和球面密封型。

疏水器又称阻汽排水阀,主要作用是在排除冷凝水的同时,防止蒸汽泄出,提高传热效率,节约蒸汽。疏水阀种类很多,常用的有浮筒式疏水器、钟形浮子式疏水器和偏心热动力式疏水器。双偏心半球阀疏水器是吸取了不同结构球阀的优点开发出的新产品。阀座和半球体采用特殊硬化工艺处理,特别适应苛刻工况下耐磨损、耐冲刷、耐腐蚀、耐高温的要求。双偏心半球阀的半球体采用双偏心设计,密封效果可靠,瞬间脱开,力矩小。其结构原理是半球体中线与阀杆中线偏置尺寸,与阀座中线偏置尺寸,全开时球体与阀座完全脱开,并有一定的间隙,回转半径分为长半径和短半径,长半径转动轨迹的切线会与阀座密封面形成一个 θ 角,在阀门启闭时,半球相对阀座面有一个渐出脱离和渐入挤压的作用,从而降低了启闭时阀座与半球之间的机械磨损和擦伤,提高了使用寿命。

2. 进布单元的结构和组成

进布单元的结构如图3-6所示。进布装置由导布辊、紧布器、张力调节辊、吸边器、对中装置(视需要)等组成,其中吸边器由左右两翼部件装于进布架的调幅横梁上,通过手轮转动丝杆,可以同时或分别调节吸边器的间距以适应加工织物的幅度,每对吸边器左右两边都有一对与织物纬向呈 5°~20° 倾斜的加压辊,辊依靠织物边部通过其轧点时的摩擦力带动而旋转。吸边器类型很多,根据小轧辊加压和卸压方法的不同而定,有电动式和气动式等,各自通过电磁力、气压力的不同,达到使轧辊加压或卸压的目的。

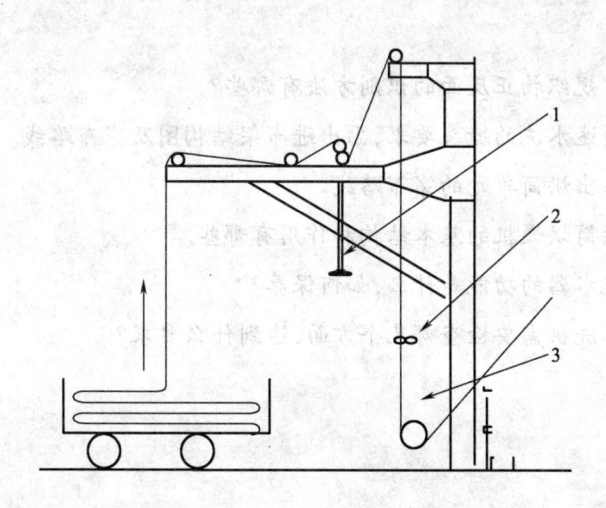

图3-6 LMH028水洗机进布单元
1—张车调节辊 2—吸边器 3—螺纹扩幅辊

三、注意事项

(1)开冷车时,必须先打开立柱顶端的放汽阀及烘筒端面的空气安全阀,同时打开疏水器的直放阀,排除冷凝水,并让进汽管道内和烘筒内外的气压平衡,直至放汽阀、空气安全阀、直放阀等喷出蒸汽时全部关闭,使烘筒表面温度迅速上升后再正式开车。

(2)疏水器维修保养:

①定期检查阀座与顶针、阀片、阀瓣间的严密性,如有漏汽,应立即修理或调换。

②定期检查疏水器,拆开全面检修并校验。

③定期清除疏水器(包括滤网)内的杂物。

④如在冬季长期停车,应做好防冻工作。

思考题

1. 常规织物正反面的识别方法有哪些?
2. 简述水洗的缝头要求,画出进布架结构图及穿布路线。
3. 画出烘筒单元的穿布路线。
4. 烘筒烘燥机的基本结构和作用有哪些。
5. 疏水器的功能是什么,如何保养?
6. 水洗机需要检查哪几个方面,达到什么要求?

第四章 洗涤操作

第一节 洗涤进出布操作

学习目标:熟练掌握水洗机的进出布操作工作以及相关的设备使用和保养知识。

一、操作技能

1. 正确使用吸边器和对中装置

(1)防止织物跑偏:进布车与进布架平衡不弯斜,布面要垂直悬挂,不要使后面的布压到前面的布,不使进布受到不均衡压力,调节好吸边器的位置。有对中装置的,调节对中装置,使进布织物处于导布辊和洗涤槽的中间。

(2)防止织物卷边:织物卷边的发生可以通过对进布张力的调节和吸边器的调节予以解决,吸边器其实还有一个拨边的作用,织物两边两个吸边器的距离与织物的门幅之间调节合适,既能吸住织物的布边,又不会因距离太小而造成对边道的挤压卷边。特别是对于针织物的卷边问题,还需要吹边器跟吸边器配合使用,两面吸边器的距离按照布幅调节好。

2. 按顺序正确进出布

织物的水洗顺序一般从浅色洗到深色,再从深色逐步洗到浅色,洗过深色直接洗浅色则需要清洗水槽,换水再洗,以免沾色。水洗出布时取样观察洗涤后的色光,与原样核对是否符合标准,包括色光鲜艳度、白度、色牢度、pH 值等是否符合要求,必要时有的指标必须取样送试验室测定。机织布还要测量门幅。

3. 正确核对洗涤效果

洗涤第三匹布时取样烘干,对照标准样,检查色光的符合性、颜色的鲜艳度和白度的符合性,一定要在客户指定的光线下对比色光。同时检查出布后的干湿度和布幅是否符合要求。

二、相关知识

1. 吸边器的使用方法

常用吸边器有气动吸边器和电动吸边器两类。气动吸边器由机头、支架和压缩空气源三部分组成,机头是吸边器的主要部件,左右各一只,每只机头由一对小轧辊(一软一硬)、顶杆、气膜、气阀、触杆等构成。机头安装在支架上,并可回转一定角度。一般使小压辊的轴线与织物纬向呈 10°~20°。在织物正常运行时,打开气阀,压缩空气通过气膜和顶杆使两只机头上的小轧辊均匀压在织物上,产生相等的吸边力。若织物左面偏至一定程度,边部碰到触杆,使左边机头的气阀关闭,气膜上的气压释压而使橡胶辊在自重的作用下向后倒,原先紧压织物的左侧一对小辊脱开,左侧吸边力消失,织物则向右侧回移到中间位置。反之,则向左移动。这样,纠正了织物在运行过程中出现的过分左右跑偏现象,使织物在允许的正常范围内移动。

气动吸边器的动力源使用压缩空气,无须其他动能,因此可用于较潮湿的生产环境。气动吸边器控制力大小可调节,两辊间压力较大,可按要求调节,动作灵敏,应用范围广,使用方便。

电动吸边器由一对压辊(一只不锈钢辊和一只橡胶辊)组成。特别适用于干燥环境及速度要求较高的场合。但由于不锈钢辊的密封性差,吸铁的动作由触杆和电气触头控制,对保养的要求高。

2. 被洗涤织物的质量要求

印花织物水洗的目的,是为了洗去染料印花蒸化后,残留在布面的浆料、助剂和一小部分没有和纤维结合的染料以及水解染料。使织物获得合格的艳丽色泽、良好的色牢度指标和柔软的手感,满足客户的服用性能。那么水洗的质量要求也就是客户要求。对于不同地区的客户和不同用途的织物,其要求也不尽相同。当然,客户要求也有具体标准,例如,日本客户使用 JIS 标准,美国客户使用 AATCC 标准,欧洲客户大部分使用 ISO 标准,而中国则使用 GB 标准。有的质量要求需要在后整理中实现。水洗需要关注的质量指标包括:布面花型的色光应符合原样,布面的 pH 值为 6.5~7.5,水洗后织物的各项色牢度(耐干湿摩擦牢度、耐水浸牢度、耐皂洗牢度、耐酸耐碱牢度等)符合客户要求。对于不同的染料,其标准有所区别,例如活性染料印花的干摩牢度 4 级、湿摩牢度 3 级,其他牢度都在 4 级以上。

三、注意事项

(1)要严格确认被洗织物,区别前道蒸化工序已经完成,防止未蒸织物误洗。

(2)看清生产卡和工艺流程卡要求,按印花织物要求的工艺洗涤,不错洗。

第二节 运行控制

学习目标: 熟练控制印花布洗涤过程的正常运行,熟悉烘筒烘干原理和压力的控制,疏水器的结构和正确的使用方法以及相关的设备使用和保养知识。

一、操作技能

1. 控制烘筒的蒸汽压力,进行压力调节

根据烘筒需要的表面温度调节相应的压力。开车前预热烘缸,刚开冷车,要先开空车,并开启疏水器直通阀和旁通管截止阀、立柱下端排水阀和上端排汽阀,以及下部几只烘筒的空气安全阀,待蒸汽从开启的空气安全阀、放汽阀和直放阀喷出后,再关闭上述各排水、排汽阀,使烘筒表面温度迅速上升,按所需进汽压力逐渐开大蒸汽阀加热筒面。否则,积存的冷水和冷空气还未充分排除,而使大量蒸汽骤然进入,迅速冷凝,造成负压,容易使烘筒吸瘪。

运行过程中需经常检查各进汽管上的压力表指示值是否正常,对有关进汽调节阀予以必要的调整,以防万一安全阀失灵,进入烘筒的汽压过高而发生爆炸。

2. 合理使用疏水器

常用的疏水器有浮筒式疏水器、钟形浮子式疏水器和偏心热动力式疏水器三种。后来又在此基础上开发了双偏心半球阀疏水器。无论哪种疏水器,都需要合理使用。关闭设备时都要打开疏水器,使烘筒内外压力平衡。开机时也要打开疏水器放水。定期检查阀座与顶针、阀片、阀瓣间的严密性,若有漏汽,应立即修理或调换。定期调换疏水器,拆开全面检修并校验。定期清除疏水器(包括滤网)内的杂物。若在冬季长期停车,应做好防冻工作。

二、相关知识

1. 压力阀的构造和使用

压力阀的结构分为三个部分：加载装置、传感装置和控制装置。加载装置包括调节旋钮、弹簧和阀帽，提供对传感装置的压力；传感装置由膜片或者活塞组成，受到弹簧和调压阀出口腔的压力，二力平衡，并且是弹簧和阀杆的连接；控制装置由阀体和阀芯组成，控制压力开口的大小。调压阀的作用是控制出口腔的压力，主要是通过控制通孔大小来调节。由于弹簧压力和出口腔压力平衡，只需控制弹簧的长度就能调整压力大小。压力调节阀以被调介质自身能量为动力源，引入执行机构控制阀芯位置，改变两端的压差和流量，蒸汽调压阀使阀前（或阀后）压力稳定。

2. 疏水器的作用原理

疏水器有好几种类型，这里就半浮球背压式疏水器进行介绍，半浮球背压式疏水器实现了单柱集中疏水，烘燥机冷凝水全部回用作为水洗用水，节约用水、用汽。半浮球式疏水阀只有一个半浮球式的球桶为活动部件，开口朝下，球桶既是启闭件，又是密封件，整个球面都可密封。当疏水器刚启动时，管道内的空气和低温凝结水经过发射管进入疏水阀内，阀内的双金属片排空元件把球桶弹开，阀门开启，空气和低温凝结水迅速排出。当蒸汽进入球桶内，球桶产生向上的浮力，同时阀内的温度升高，双金属片排空元件收缩，球桶漂向阀口，阀门关闭。当球桶内的蒸汽变成凝结水，球桶失去浮力往下沉，阀门开启，凝结水迅速排出。当蒸汽再进入球桶之内，阀门再关闭，间断和连续工作。

半浮球背压式疏水器是机械型疏水阀的一种，机械型也称浮子型，是利用凝结水与蒸汽的密度差，通过凝结水液位变化，使浮子升降带动阀瓣开启或关闭,达到阻汽排水的目的。机械型疏水阀不受工作压力和温度变化的影响,有水即排,加热设备里不存水,能使加热设备达到最佳换热效率。背压率大于80%,是加热设备最理想的疏水阀。

三、注意事项

(1)安全阀上不得任意加压物品。

(2)停车时必须先关闭蒸汽,再打开排汽阀和疏水器。

第三节 简单故障处理

学习目标:了解进出布设备和烘筒产生简单故障的原因,熟练掌握处理各种故障的方法。

一、操作技能

1. 进布、落布单元的故障处理

进布、落布单元容易产生的故障大致有以下几方面:进布时织物跑偏、皱印、纬斜、纬移、卷边、断头等。发现织物跑偏,必须立即把布边拉回,或移动布车到适合的位置,然后检查吸边器或对中装置是否运转正常,如果吸边器失灵,则立即通知维修人员抢修。如果进布时发生皱印,需要检查导布辊是否变形,进布张力是不是需要调节,对中装置和螺纹开幅辊是否运转正常,及时调整操作。遇到进布时纬斜、纬移,需要在慢的一边把布送快一点,要保证进布时的平行度,保证进布不纬斜、不偏移。遇到进布时断头,要立即打铃停机,暂时关闭各槽的蒸汽阀,立即重新用导布或导带穿头引布。要是断头在中间的水槽中,则需要放水降温穿头,以防热水和蒸汽烫伤。

落布单元的故障主要是摆布装置失灵,或者由于静电的作用,落下的织物被反吸到导布辊上缠绕。摆布辊失灵,需要修好后才能生产,必要时停车维修。停车时要做好一切停车的水、电、汽的处理工作。如果是落下的织物被反吸到导布辊上缠绕,要及时停车,然后使导布辊向反向转动,把缠绕的织物退出。按落布穿头方式穿好头后再进行生产。所以在操作落布时,需要不断地注意落布情况,发现问题,在第一时间处理,避免造成不必要的损失。

2. 烘筒单元故障处理

烘筒单元的故障,有烘干时产生折皱、顶部滴水、烘筒和整机同步失灵、蒸汽压力超过安全线、烘筒吸壁等。烘干时需要在不产生折皱的情况下调整张力,减少伸长。顶部滴水,往往有锈斑滴在织物上,应检查烘房排风是否良好。烘筒和整机同步失灵,当运转速度大于水洗机时,则会加大张力拉断织物,在小于水洗机运转速度时则会使织物荡下来,这两种情况都是无法继续生产的,需要停机并通知维修人员立即维修。虽然生产时已经调节好蒸汽压力,但是中途还必须经常检查压力表的供汽情况,因为有时候会因为总压力的变化或是蒸汽表的损坏,造成压力超出禁示线或是显示的数据不是真实的压力。这都需要引起警觉,要及时调整压力,防止烘筒超压爆炸。烘筒的吸壁是因开车时的准备工作不到位,因此需在准备工作时认真对待。

二、相关知识

1. 机械故障产生的原因

①设备的使用方法不当,不自觉遵守定人定机制度,随意使用设备,工具、附件不保养,乱丢损坏。

②设备出现故障。未按计划检修和停机修理,使设备疲劳工作。

③由于设备没有做好清洁工作而引起设备沾上油污、灰尘、杂质,还会造成设备的漏水、漏汽、漏油,使设备产生锈蚀,影响设备的正常运转。

种种现象,造成设备的磨损、零件的老化,劣质零件的使用、设备使用不当、操作的失误等都会加速引起设备的意外故障,例如轴承的磨损、碎裂大多数是无油引起;烘筒吸壁,是开车前烘筒内的冷凝水没有排放干净就进蒸汽、关排汽阀所致。小修、中修和大修计划未能执行,在日常保养中设备不及时加油、轴承不润滑,都会加速零件老化,使部分接触件磨损,产生空隙,引起设备故障。在处理过程中使用劣质零部件替换,不仅缩短了设备的使用寿命,还加速了其他部件的损坏,降低了设备的完好率。

2. 简单故障处理的方法

作为操作工,要会使用设备、会保养设备、会检查设备和会排除简易的设备故障。熟悉设备结构,掌握设备的技术性能和操作方法,懂得加工工艺,正确操作设备。正确地按润滑图表规定加油、换油,保持油路畅通和油线、油毡、滤油器清洁;认真清扫,保持设备内外清洁,无油垢、无脏物,按规定进行保养工作。了解设备的性能,会检查与加工工艺有关的检验项目,并能进行适当调整,例如水洗机的进出水、进出汽等部位的检查,安全防护设施的检查。

能通过不正常的声音、温度和运转情况,发现设备的异常状况,并能判断异常状况的部位和原因,及时采取措施,排除故障。如织物产生纬斜、纬移等,有可能是轧辊左右压力不一致,或是轧辊表面不平整引起,需要调整压力或是重新锉磨辊筒或调换轧辊。电动机的运转声是否正常,水阀、汽阀有没有漏水、漏汽,所有开关是否正常,各轴或转动声音是否正常,各种仪器显示数据是否正常等都要检查。自己排除不了的故障需立即停机挂警示牌,及时通知有关人员检修,不要延误时机,造成电动机烧坏、烘筒爆炸等意外事故。

三、注意事项

(1)重视日常对设备的清洁、维护、保养。设备内外清洁,工器具清洁整齐,工作场地清洁整齐,加工坯布堆放整齐。

(2)设备上的全部仪器、仪表和安全装置完整、灵敏、可靠,指示准确,各管道接口无跑、冒、滴、漏现象。

(3)认真填写维护保养记录和交接班记录。保养工作未完成时,不得离开工作岗位,保养不合要求,接班人员提出异议时,应虚心接受并及时改进。

(4)安排好生产计划,设备的三级保养制度要严格执行,不因为任何借口而延误对设备的小修、中修和大修的维护保养工作。

思考题

1. 如何使用吸边器和对中装置?
2. 水洗的目的和要求是什么?
3. 如何核对洗涤后的色光,织物洗涤的质量要求是什么?
4. 进布操作的注意事项有哪些?
5. 压力阀的构造和使用方法是什么,如何控制烘筒压力?
6. 疏水器的使用原理是什么,如何合理使用疏水器?
7. 进布单元、洗布单元和烘筒单元会发生哪些常见故障,如何处理?

第五章 洗涤后处理

第一节 填写生产记录

学习目标： 熟练掌握生产记录卡、布匹生产流程卡的正确填写方式。

一、操作技能

按企业表格规定的格式填写生产记录卡，要求字迹清楚，数据准确，内容完整。一般要求对随车的生产卡进行填写，包括生产开始和结束的时间、操作人。在操作记录表上需要填写产量、质量、出工人员、完成的工时，便于提供原始的统计数据；填写各网号、色号及操作的工艺条件（车速、温度、助剂等）；详细描述生产中出现的问题、设备运行情况和能源供应情况等。

二、相关知识

1. 生产记录相关规定

生产记录要求字迹清楚，凡是生产记录表格中需要填写的内容都要一丝不苟地填写。生产记录要求真实性，记录真实的数据和真实的现场发生的情况，并且在生产结束后认真填写。

2. 布匹生产流程卡记录规定

布匹生产流程卡是跟随织物从仓库发坯开始，经过每一道加工工序,直到检验入库为止的织物的过程跟踪卡。内容参考样张见下表。表分为两个部分,第一部分是计划填写的加工对象、加工数量、加工要求和完成的日期;第二部分是织物经过每一道加工工序的要求、生产日期和完成日期、完成的小组、生产的机台号、生产的工艺号等内容。第二部分内容由各工序的操作人填写。下表是一张印染企业全过程的流程卡,也可根据本企业的工序需要进行增减。有的企业用几张运转卡像接力棒那样最后完成所有的工序。这只是形式上的不同,其内容实质是完全一样的,这两部分的内容是不可缺少的。

布匹生产流程卡

××××年××月××日

客号		布名		重量(g/m²)			配色	1	数量(m)
货号		成分		布料色				2	
网号		门幅(cm)						3	
合同号				完成时间	月 日 时		合计量(m)		

部门	序号	工序	要求	生产日期			完成日期			组长签名	备 注
				日	时	分	日	时	分		
仓库	1	发坯预定									实际温度: 实际门幅:
前处理	2	缝头									
	3	烧毛									烧毛设备□号
	4	煮练									前处理设备□号
	5	漂白									
	6	丝光									前处理工艺□号
	7	水洗烘干									

印染洗涤工

续表

部门	序号	工序	要求	生产日期			完成日期			组长签名	备注
				日	时	分	日	时	分		
染色	8	染色									
	9	皂洗									
	10	固色									
	11	烘干									
	12	焙烘									
品管	13	检验									
	14	抄码									
印花	15	缝头									
	16	直印									
	17	雕印									
	18	涂料									印花机□号
	19	烂花									
	20	烫金									
	21	段印									
蒸化	22	蒸化									蒸化机□号
水洗	23	绳洗									绳洗机□号
	24	平洗									平洗机□号

续表

部门	序号	工序	要求	生产日期 日	生产日期 时	生产日期 分	完成日期 日	完成日期 时	完成日期 分	组长签名	备注		
后整理	25	上浆									定形工艺及处方(g/L)	车速	□
后整理	26	过软										门幅	□
后整理	27	预缩										纬密	□
后整理	28	定形										湿度	□
后整理	29	涂层										助剂	□
后整理	30	轧光											
后整理	31	磨毛											
后整理	32	拉毛											
检品	33	检验									包装	卷装	□
检品	34	包装										折叠	□

三、注意事项

(1)突发性事故必须在有关交接班记录上详细、如实记录。

(2)生产中各种原因的停机都要记录在案。

第二节 清洁设备

学习目标：掌握各洗涤槽的清洁程序,各工器具的清洁要求,以及相关的设备管理制度。

一、操作技能

1.各洗涤槽的清洁

停车后,关闭总电源,关闭进汽阀,关闭进水阀。然后放掉每个槽内的沾污水,勾出槽内的纱头之类,再用水冲洗槽底部的杂质,使每个水槽内清洁无杂物。洗涤时不能把水泼在电器上。

2. 器具的清洁

清洁工具包括缝纫机、剪刀、化料筒、勺子、量器具、料筒等,生产结束后必须对其进行清洁,并放置在规定的地方。缝纫机切断电源,然后用布清洁毛羽、灰尘,擦拭干净。剪刀放在抽斗里。未用完的化料筒里的助剂,交接班应写清楚。量器具需要用干布擦拭干净。勺子、料筒清洗干净后放在规定的地方。

二、相关知识

水洗机的清洁制度,一般在生产结束时执行。生产中间也可以做一些清洁工作,如及时把地上的杂物、垃圾清理掉,清除地面积水,防止滑倒等。生产结束停机时,切断电源,关闭蒸汽,然后进行清洁工作。应做好以下几个方面:

(1)做好设备内外的清洁工作,无浆渍色渍,水槽内污水排放干净并冲洗干净。冲洗时要盖好周边的助剂桶,防止水冲入助剂桶内,影响助剂质量。

(2)清洁时不得用水冲湿电动机、电器设备,也不得用湿手接触电器,以免触电。

(3)放松轧辊压力,各轧辊分离开,防止轧辊变形。

(4)设备及周边卫生打扫干净,工作场地清洁、整齐,地面无油污、垃圾。

(5)工器具清洁,妥善保管,摆放整齐。布车及工具摆放整齐。

(6)洗涤好的织物及时送至下道工序。

(7)检查设备上的仪器、仪表和安全装置完好无损,各传输管接口处无泄漏现象。

(8)保养工作未完成时,不得离开工作岗位;保养不合要求,接班人员提出异议时,应虚心接受并及时改进。

(9)认真填写交接班记录。

三、注意事项

(1)清洁洗涤槽时不能使水冲溅到电器设备上。

(2)清洁时需要搬动酸碱等腐蚀性料筒时,需要戴好防护用品。

思考题

1. 生产记录卡填写的要求是什么?
2. 设备的清洁制度有哪些,如何做好水洗机的清洁工作?

下篇 中级工

第六章 洗涤前准备

第一节 洗涤织物准备

学习目标:了解印染织物的洗涤准备工作,熟悉工艺指导书,明确对来坯的洗涤要求。掌握基本的洗涤工艺流程和加工要求。

一、操作技能

1. 工艺指导书

(1)工艺卡的内容:工艺卡是指导织物在各道工序加工的工艺条件和工艺要求。洗涤的工艺卡上指明了该印染织物的网号、色号、数量,印染的方法,染色或印花的机台,水洗的工艺,水洗工艺中各槽的温度、时间、车速,各槽助剂(例如防沾污剂、皂洗剂、螯合分散剂)的用量、烘干温度。如果是特殊印染工艺或是新工艺,还应详细说明水洗每一道工序应该注意的地方。洗涤前必须对需要洗涤的织物进行查看,不明白的地方向制定工艺的技术员请教,然后按要求进行开机准备。

(2)执行工艺的要点:所谓工艺,就是指导织物完成某个工序需要的条件,温度、时间和助剂三要素是工艺的要点。工艺上车率就是对工艺执行的正确性的评价。完成一个产品,工艺上车率要达到95%~100%,才能使每次生产同样的产品达到重现性,以保证最终产品质量的实现。所以,在生产前必须搞清楚此工艺的要点,要求水洗机的每一位操作工认真执行工艺。指导初级工各就各位,开总电源、开蒸汽,设定各槽的温度,设定烘干机的蒸汽压,准备皂洗剂等助剂,为执行工艺做好一切准备工作。

2. 对来坯的洗涤要求

(1)辨别坯布是否可洗:对来坯(印花坯)进行核查,根据随车的流程卡或生产卡上的网号、色号、数量核对实物。在生产卡上看到印花、蒸化工序的操作工签字,可确认已经蒸化,等待水洗。在不确定的情况下,可以取一小块印花织物进行水洗,观察色光是否符合确认样要求,因为没有经过蒸化的印花布洗后会大量掉色,以此来判断印花织物是否已经过蒸化。然后按计划顺序进行水洗准备,包括缝头等。

(2)来坯洗涤时的要点:来坯洗涤的要点一般在工艺卡上会注明,根据不同织物和印花的不同工艺,水洗时需要注意的要点也不相同。

活性染料直接印花,洗涤的关键是在皂洗前必须用冷水把织物上的助剂(特别是碱剂)、浆料和未上色的染料尽量冲洗干净,因为如果把碱剂带入皂洗槽,那么在碱性溶液中被洗下来的染料又会重新上染织物而造成搭色,同时已经固色的染料也会因此而水解一部分,使印花产生色差。所以,在皂洗前冲洗尽碱剂、未上色的染料和浆料尤为重要。

对于还原染料直接印花或拔染印花,在水洗前首先要使染料氧化。还原染料氧化有两种方式,对于容易氧化的染料在空气中透风就可以达到全部氧化的目的,而对于一些难氧化的还原染料需要有专门的氧化槽,在槽中加入类似过硼酸钠或双氧水之类的氧化剂,才能达到氧化的目的。如果还原染料没有氧化发色就进入皂洗阶段,那么将会由于还原染料发色不全而产生不可补救的色差。

分散染料的水洗主要是通过在碱剂和保险粉的溶液中还原清洗来完成,在还原清洗前也要先清洗掉一部分未上色的染料和色浆中的助剂和浆料,以便于还原清洗,还原清洗需要注意的问题是碱剂用量和还原剂用量的配比要适当,因为还原剂在高温条件下的分解能力很强,有的还没有来得及起到还原作用就失效了,在一定的碱性条件下还原剂才能做到逐步释放,有效地起到还原的作用,清洗掉所有的分散染料和浆料等,达到良好的色牢度指标。

对于酸性染料印花后的水洗工艺,必须在冷水中洗掉一部分未反应的浮色和浆料,然后升温到50℃水洗和固色,主要是在升温前浴中必须首先加入净洗剂或分散剂之类的助剂,防止在升温过程中已溶解在水中的染料再次上染纤维,在水洗干净后还必须固色,才能使酸性染料牢固地和纤维结合。

总之,不同的印花工艺和印花染料,在水洗时有各自的要点,这是必须加以注意的。

二、相关知识

织物印花后经蒸化再经洗涤,就是要把印花浆中没有上色的染料、反应后残余的助剂和印花的载体(糊料)洗去,使得和纤维已经结合的染料色泽鲜艳,色光符合确认样要求,并具有良好的色牢度指标。例如传统的K型活性染料对纤维素纤维的固色率只有65%~70%,汽巴克隆P型活性染料的上色率为70%~90%。未固色的染料在洗涤时溶入洗液会再次沾污织物,因此,在洗液中含有一种称为皂洗剂的表面活性剂和螯合分散剂,使得已经掉落在溶液中的染料和杂质失去沾污纤维的能力。尽量降低洗液的染料浓度,是减少沾污的有效措施,所以对于任何染料的印花,通常都是先用大量的冷水冲洗,把大部分色料、助剂和浆料冲洗掉,洗液迅速排放。然后再进入热水洗、皂洗、温水洗。在皂洗以前尽量将未反应的染料洗干净是关键,以免在碱性皂洗液中重新上染,使织物造成持久性的沾污。各类染料的水洗工艺流程见本书第九章第二节。

印花织物的洗涤只是整个印花工艺中的一部分,但洗涤的质量与产品的质量密切相关,凡是最终成品不需要的部分,都要洗去,而留下需要的部分,即色光和色牢度,同时在洗涤过程中不能损伤纤维。

三、注意事项

洗涤织物在洗前需要做小试试验,取一小块待洗涤的织物,进行洗涤烘干核样,证明已经蒸化,且洗涤后色光准确,可以进入洗涤工序。

第二节 洗涤液配制

学习目标: 能根据洗涤工艺要求,掌握各种洗涤剂的用途并能正确配制洗涤液。

一、操作技能

1. 配制各种工艺的皂洗液

皂洗剂在使用前先配制成稀液后再使用。皂洗液的浓度一般用质量(g/L)浓度或质量分数来表示,质量(g/L)浓度表示在一升溶液中所含有的皂洗剂的量。

各种工艺皂洗液的配制方法是相同的,不同的只是皂洗液的品种,需要根据各种工艺要求选择。例如在500L的皂洗槽中需要配制

2g/L 的皂洗液,那么需要的皂洗剂的用量为:

$$2g/L \times 500L = 1000g$$

开头缸时,需要在 500L 皂洗槽中先放入 2/3 的水,然后加入 1kg 皂洗剂,再把水加到 500L,加热循环均匀即可。在水洗过程中如果是人工定时加料,那么按工艺要求定时追加,如果是自动加液,那么需要在操作台设定加液 2g/L 的量,并准备皂洗剂不脱节。洗涤剂称量时可以用电子秤,有时候在生产中为了方便,也可以使用带有刻度的勺子。

2. 配制碱液、酸液、固色液、柔软液

水洗的常用碱有烧碱($NaOH$)和纯碱(Na_2CO_3),烧碱有固碱和液碱之分。固体碱的纯度在 95% 以上,常用的液碱浓度有30.0%、32.0%、45.0%、48.0% 几种。固碱为白色半透明固体,潮解性极强,开启用后要盖严。烧碱不能与皮肤接触,会严重灼伤皮肤,所以在化料时要戴好防护眼镜和手套,在化料筒内先注入一定量的水,加热煮沸,然后称量需要的烧碱慢慢加入沸水中搅拌,溶解后再加水到刻度,搅拌均匀后备用。化料后需把手套用水冲洗干净,以便下次再用。液碱使用时化料的方法同固碱。化料浓度的计算方法分两步,一次是开稀,只要在化料桶中进行,第二次是使用,把开稀的料加入水洗槽内使用,进行两次运算。

例如:工艺中烧碱的用量为 2g/L,化料的浓度为 30g/L,使用时如果洗涤槽的容积为 500L,计算在 500L 中加入浓度为 30g/L 的氢氧化钠多少升,才能使其浓度达到 2g/L?

需要浓度为 30g/L 的氢氧化钠:

$$\frac{2g/L \times 500L}{30g/L} = 33.3L$$

纯碱学名碳酸钠,又称苏打,白色非结晶物质。纯碱易溶于水,水溶液呈碱性,纯碱和水中钙、镁离子反应生成沉淀物,所以有软水作用。纯碱的化料过程同烧碱,计算方法参照烧碱。

常用的酸液有硫酸(H_2SO_4)和草酸($H_2C_2O_4 \cdot 2H_2O$),硫酸是无色透明、黏稠的液体,浓度可达97%左右。硫酸在受热或雨水侵入时会发生爆炸,所以需要存放在危险品仓库。硫酸有强大的腐蚀性,会损坏水泥地,所以在操作时不能滴流在地上,也不能碰到皮肤,硫酸会吸走皮肤中的水分,使皮肤炭化。操作时需要戴好防护眼镜和手套。硫酸在化料操作时,切忌把水倒入硫酸中,硫酸与水是放热反应,少量的水倒入硫酸中会引起危险。所以,配料时先在配料桶中准备好2/3的水,然后把称好的硫酸慢慢倒入水中,慢速搅拌。如果是自动加液,那么只要按硫酸浓度及洗槽需要的硫酸含量,设定好加入洗槽的液量即可。硫酸浓度的计算方法同烧碱。

固色剂固色需在水洗干净的印花织物上进行,需要固色的染料有酸性染料、直接染料、阳离子染料和活性染料。不同的固色剂对应不同的染料。固色工序可以在水洗后的水洗槽中进行,也可以在定形机的轧槽内进行。在水洗槽中固色,如果是人工定时加料,只要根据槽内的浴量计算需要加入的固色剂的量即可。如果是高位槽自动加料,那么首先要把固色剂开稀到一定的浓度,然后滴加。也有自动加料的洗槽,在操作屏上直接设定加料的程序和需要的数量即可。固色剂原液可和水按一定的比例直接加入洗槽。固色剂的开稀化料比较简单,用量在5~15g/L以内时,如果是自动加料的话,可以直接滴加,不用开稀;如果是半自动加料,则在高位化料桶中开稀,先在桶内放2/3的水,水温恒定在55℃左右(根据固色剂固色温度设定),然后称量固色剂倒入搅拌均匀即可。固色剂计算方法同烧碱。

柔软剂的化料方法同固色剂,要注意的是大多数柔软剂必须在

pH=5.5~6.5、温度30℃才稳定,pH值高了会使柔软剂析出产生漂油状态。在印花织物上加柔软,大多数在定形机上进行,也可以在水洗最后一道上软。

二、相关知识

1. 洗涤剂的用途

洗涤剂是一种表面活性剂,有阴离子表面活性剂如十二烷基苯磺酸钠,非离子表面活性剂聚氧乙烯醚类等,种类很多。高效皂洗剂TF-130A属阴/非离子性的表面活性剂及高分子聚合物,低泡型助剂,对未固着的染料、碱剂及电解质均有极好的净洗分散悬浮效果,防止二次沾色。洗涤过程大致可分为三个阶段,一是织物的充分润湿,这对印花布洗涤更重要;二是把污物从织物上分离下来并扩散到洗液中去;三是扩散到洗液中的污物不再返沾到织物上。从水洗开始,织物上的可溶性物质经过洗涤助剂的膨胀、溶解,附在织物上的浮色、糊料、灰尘及其他不溶性污物被洗涤助剂乳化、分散,脱离织物而向洗液扩散而被去除。当然洗涤工艺还要考虑到水的硬度、洗涤剂的去污能力、洗涤剂的应用浓度、洗液的温度、纤维的种类性质、污物(如印花浆料的种类性质)以及洗涤时间(平洗槽的数量、车速)等因素的影响。

2. 洗涤液的配制要求

洗涤液的配制要求方法正确,计量准确,选用的洗涤剂适当,在生产过程中不脱节。洗涤剂如果超量使用,不仅造成浪费,还会给后面的水洗增加困难;洗涤剂太少了,则皂洗时去色去污不尽,甚至还会造成新的沾污。

三、注意事项

配制酸、碱液时一定要戴好防护用品,严禁酸、碱接触皮肤。化料顺序按工艺执行,防止意外事故发生。

第三节 设备检查

学习目标:了解和掌握各水洗机的结构,各压辊的调节,透风架的检查和加液系统的工艺设置。

一、操作技能

1. 压辊的压力调节

每格平洗槽出布处都装有平洗小轧车,平洗槽最后一格出布应装有重型小轧车,以降低织物进入下一个洗槽时的带液量。小轧车有三个作用:一是牵引织物进行洗涤;二是轧除洗涤织物上的污液,使清浊分离;三是降低轧液率以节约洗涤用剂和减少后续烘燥工序烘燥热量的消耗。小轧车压辊的数量有两辊和三辊。小轧车为两辊的,硬轧辊在下作为主动辊,织物进入小轧辊轧点前需经喷水管喷淋冷水或热水,以冲除织物表面的污杂物,避免污杂物经过轧点时附在织物的表面,同时也有助于洗液的交换。扩幅辊的功能是使织物平整地进入小轧车,织物在进入喷水管前常装有扩幅装置,如螺纹扩幅辊及弧形弯辊。调节压辊的压力大小,以带动织物正常运行和挤掉织物上一定的水分为标准,压力不要太大,否则会使织物产生轧皱印。

2. 透风架检查

透风架大多数由九上八下的不锈钢辊筒组成(下页图)。透风架整体结构比较简单,暴露于空气中,使织物在通过透风架时达到与空气最大限度地接触。透风架的每一根导布辊笔直不弯,导布辊转动灵活、清洁无尘。

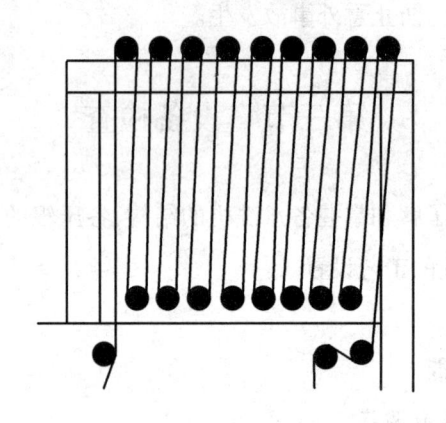

透风架

3. 自动加液系统的设置

常用的自动加液系统有 ZLSX991-180 型针织平幅绳状连续水洗机,详见第二章第一节。

二、相关知识

1. 水洗机的机械结构

水洗机的基本组成单元为:进出布装置、吸边器、浸渍槽(洗涤)、轧辊小轧车、透风架、平洗槽、皂煮箱、汽蒸箱和两柱烘筒等。根据需要配置数量不同的单元机组成连续水洗机。高效平洗机是以在普通平洗的基础上设置逆流洗涤、高温蒸洗、强力喷轧和机械振荡来加强水洗效果和节约水洗成本为出发点。

以 LMH028 印花水洗机为例,进布顺序依次为:

进布装置→吸边器→水洗槽→两辊轧车→(蒸洗箱)→喷淋箱→蒸

洗箱→皂洗箱→大蒸洗箱→三个蒸洗箱→大轧车→烘干设备(由20个烘筒组成)→落布装置

全机轧槽配有进水、排水、直接蒸汽进汽管道,压缩空气加压系统。

进布吸边器安装在进布架上,吸边器通过左右两翼部件装于进布架的调幅横梁上,摇动手轮转动丝杆,可以同时或分别调节吸边器的间距以适应加工织物的幅宽,每对吸边器左右两边都有一对与织物纬向呈 $5°\sim20°$ 倾斜的加压辊筒,加压辊筒由软橡胶辊及金属辊各一只组成,也有都用橡胶辊或金属辊的,辊内有铁管衬里,铁管外有螺纹,以增强与橡胶的胶合力。金属辊常用黄铜管或不锈钢管制成,外表面要求光洁,辊筒内部装有滚动轴承,辊筒依靠织物边部通过其轧点时的摩擦力带动而旋转。吸边器类型很多,根据小轧辊加压和卸压方法的不同,有电动式、气动式等,通过电磁力、气压力不同的作用力,达到使轧辊加压或卸压的同一目的。

浸渍(轧)槽(平洗槽)主要浸渍化学助剂工作液,如退浆剂、精练剂、双氧水、漂白剂、氧化剂、还原剂等助剂,有一浸一轧或多浸一轧、多浸多轧,槽的容量为 $60\sim1000L$,槽内设有加热装置。

小轧辊安置于每格平洗槽出布处,平洗槽最后一格出布装有重型小轧车,以降低织物带液量。

扩幅辊的功能是为了使织物平整地进入小轧车,在进入喷水管前常装有扩幅装置,扩幅装置有螺纹扩幅辊和弧形弯辊。

平洗槽的主要功能是水洗,箱体内有上下两排导辊,上四下五,导辊及布浸没在水中,箱内有直接蒸汽加热管及进水管、排水阀、温度表,洗后有一对轧辊及分布板,起到挤轧及导布不起皱印的作用,轧辊前有自来水喷水管。有的在平洗槽前配备 $2\sim3$ 只皂蒸箱以加强洗涤效果。底部装有排液阀可排尽槽内洗液,通常在洗涤条件相同、洗液相同时,在几个相连的平洗槽隔板上以逆流孔相通,使这几槽的洗液以逆流方式洗涤织物,有利于提高洗涤效率。

烘筒烘干设备根据烘筒的排列有立式、卧式和桥式三种。卧式排列烘干产生的湿热空气容易排除、散发,不会影响其他烘筒的烘燥能力,安装也方便,但占地面积大,使用不多。最常用的是立式两柱烘筒。

平洗机的传动设备有三种方式,多单元直流电动机、直流电动机平洗小轧车主动轧辊集体传动和交流变频传动。

高效平幅水洗机的洗涤原理,是用最少的能源、最短的设备、最少的洗涤剂,在最短的时间内完成织物洗涤工艺。这也是当前印染机械设备努力研究的课题。这就需要选择合理的洗涤工艺和改革机械设备,也必须研究分析洗涤过程的原理和影响洗涤效率的因素。

2. 水洗机进布架的结构

水洗机进布架的结构包括:导布辊、松紧调节辊、吸边器、对中装置、螺纹扩幅辊等。根据需要组合。松紧调节辊也称为张力调节装置,对进布过程中穿过导辊的角度(包角)进行调节,以改变织物进布张力。吸边器的作用是固定织物在径向行进中的布边在同一条直线上运行。常用的为电动型和气动型吸边器。

气动吸边器由机头、支架和压缩空气源三部分组成,机头安装在支架的左右各一只,每只机头由一对小轧辊(一软一硬)、顶杆、气膜、气阀、触杆等构成。一般使小压辊轴线与织物纬向呈10°~20°。当织物正常运行时,气阀打开,压缩空气通过气膜和顶杆使两只机头上的小轧辊均压在织物上,产生相等的吸边力。若织物左偏碰到触杆,使左边机头的气阀关闭,原先紧压织物的左侧一对小辊脱开,左侧吸边力消失,织物则向右侧回移到中间位置。反之,则向左移动,从而纠正织物在运行过程中出现的过分左右跑偏现象,使织物在允许的正常范围内移动。气动吸边器除使用压缩空气外,无须其他动力源,适用于较潮湿的生产环境,特别是对防火、防爆有要求的场合。气动吸边器是水洗机上常用的吸边器。

电动吸边器由一对压辊(一只不锈钢辊和一只橡胶辊)组成。在不锈钢辊内装有固定的电磁吸铁和活动衔铁。吸铁与衔铁间装有弹簧,固定吸铁安装在支架上,活动衔铁与不锈钢辊体相连。当织物正常运行时,两辊间由吸铁弹簧加压,织物两边的吸边力相等。当织物偏移时,即碰到触杆,使吸铁工作,克服弹簧压力,使压辊脱开释压,织物向另一边回移,从而纠正了偏移。两辊间压力大,纠偏及展幅效果较好,特别适用于干燥环境及速度要求较高的场合,在定形机上使用较多。

三、注意事项

熟悉洗涤设备的原理,熟练使用洗涤设备,明知设备带病时绝对不能强行生产。

思考题

1. 如何辨别印花坯布可以洗涤,洗涤时需要知道哪些工艺要点?
2. 举例说明你所知道的水洗工艺流程。
3. 洗涤液的配制方法是什么,请举例说明。
4. 洗涤效果对后工序有哪些影响?
5. 水洗机由哪些单元机组成?每个单元机的作用是什么?
6. 简述水洗机进布部分的结构。

第七章　洗涤操作

第一节　穿布和温度控制

学习目标:熟练掌握印染布洗涤的整机穿布路线和穿布要求,熟悉不同织物洗涤时温度和压力的控制,了解水洗机的基本操作和洗涤的基本工艺条件。

一、操作技能

1. 整机的穿布引头

(1)穿布路线准确:总体穿布路线如图3-1所示。有时候对于多功能的皂洗机,穿头时需要根据洗涤单元机的需要进行跳格穿头。但是每个单元机的穿头基本上是固定的。进布架和水洗槽的穿布路线如图3-2所示,蒸洗箱、喷淋箱穿布路线如图3-3所示,轧车和烘筒穿布路线如图3-5所示。根据水洗机各个水洗槽的组合状态,按照单元机的穿布路线穿布即可完成全机的穿布。

(2)穿布平整:水洗机穿布后,在水洗时,织物经过每个槽和每一只导布辊时都必须保持布面的平整性,使织物水洗后不会产生褶皱、搭色等。这就需要调节好各槽的张力,特别是织物经过高温水洗槽的张力,调节好扩幅辊,以保证穿布平整,运转正常。开车时,调节好吸边器位置,平稳进布。

2. 控制好每槽温度和压力

(1) 按工艺调整温度：对照织物的水洗工艺要求，对各槽的温度进行设置，包括洗涤槽、冷水槽、热水槽、蒸洗箱、烘箱等的温度调节。开蒸汽时要注意水已经盖住蒸汽管，开始要慢慢开启，到温后再关小蒸汽阀保温。例如活性染料印花后的水洗，首先进入的是冷水槽和喷淋箱，不需要加温，而在喷淋过后，需要逐步使织物升温，进入热水槽，热水槽的温度一般都在60℃，然后再进入皂洗槽，在皂洗槽不仅需要温度达到85~90℃，还需要加入一定量的洗涤剂。最后要把皂洗后织物上的多余洗涤剂冲洗干净，可以用热水60℃洗涤，再经过大轧车后进入烘筒烘干。

(2) 根据不同的织物调整压辊压力：根据织物的厚薄对每槽出布时小轧辊的压力大小进行调节。对于轻薄织物，轧辊的压力小一点即可带动；对于厚重织物则需要稍大一点的压力，使其既能压去织物中大量的水，带动织物向前运动，又不致使织物受压变形。

二、相关知识

1. 水洗机基本操作知识

水洗机基本操作包括开机准备、开机、运行和关机四个阶段。在穿布升温过程中水洗机的操作主要是开机准备和开机阶段的操作。

(1) 开机准备：机器运转前首先检查设备和安全装置，要求检查电源及电气控制开关、旋钮等是否安全、可靠；各操纵机构、传动部位、挡块、轧车轧辊、限位开关等位置是否正常、灵活；各运转滑动部位润滑是否良好，油杯、油孔、油毡、油线等处是否油量充足；检查全部平洗槽导辊、轧辊互相平行，左中右压力均匀；检查设备的清洁状态，清除花毛、布条缠绕、油污等杂质；检查导辊变速箱轴承是否损坏或缺油，凡应加油的轴承及时加油;检查水阀、气阀、电源开关及所有的传动系统是否有异常,如有问题必须找相关人员抢修,防止造成安全隐患;开车前预热烘缸,正确掌握烘缸操作法;蒸汽压力控制在允许的范围内,安全阀上不得任意放置物品。在确认一切正常后,才能开机试运转。

（2）开机:一切检查正常,方可开启电源,机器运转前首先检查设备和安全装置正常,方可启动机器。启动时必须前呼后应,先打铃后开车;机器慢速起步引进导布,并加强监视防止断头、皱条及设备故障;缝头时必须集中注意力,认真操作,防止针扎手指和刀口割伤手指;正确掌握烘缸操作法,开冷车时预先开空车放掉冷凝水,打开排汽阀 10~15min,再开蒸汽阀,升温前平洗槽水位必须高于水槽底部的导辊,方能放蒸汽,开始时蒸汽阀门不能直接开大,先开小阀门,待蒸汽完全流通于水中再缓缓放大,防止气压过大造成人身伤害,同时生产中蒸汽不能开得太大,防止水烧开溅出伤人。蒸汽压力控制在允许范围内,安全阀上不得任意加压物品。

2. 轧辊的结构及工作原理

水洗机上的轧辊分为两种类型,平洗槽小轧辊和进烘筒前的中型小轧车。每格平洗槽出布处都装有平洗小轧车,平洗槽最后一格出布装有中型小轧车,以降低织物带液量。小轧车如图 7-1 所示,中型小轧车如图 7-2 所示。

轧辊的材料有铸铁、铸铜、镀铬、不锈钢、硬橡胶及软橡胶。常用小轧车为两辊轧车,硬轧辊在下作为主动辊,橡胶辊在上。

从节约能源的角度出发,现在的设备的传动控制都采用交流变频调速同步传递系统。全机以中小辊轧车为主要单元,布匹的张力可由松紧架的机械部分用汽缸调稳。大轧车速度与中小辊轧车速度由松紧架调节同步传感器,并反馈到 PID 同步控制器,当大轧车电动机速

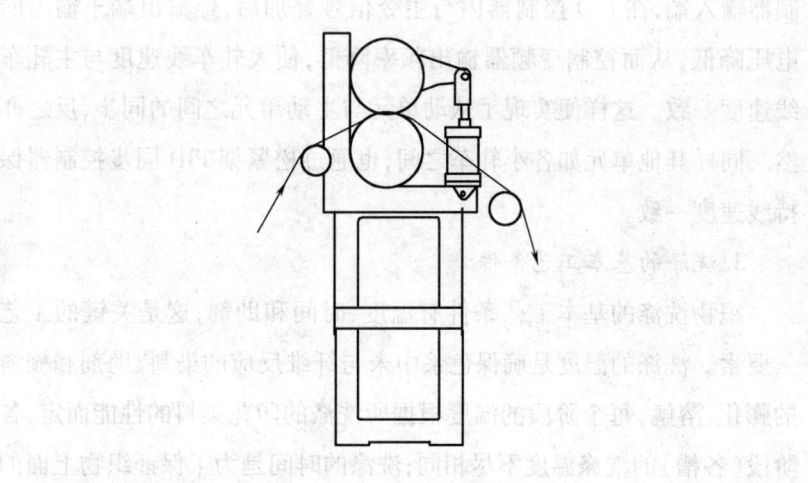

图 7-1 小轧车

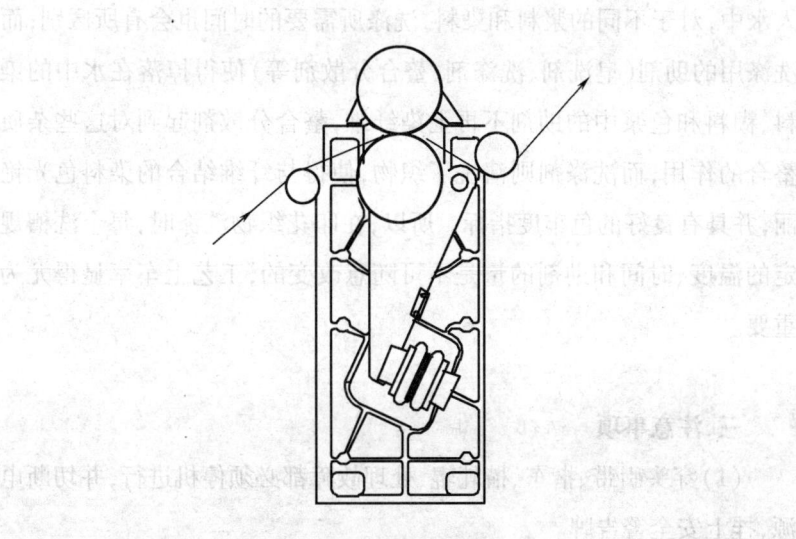

图 7-2 中型小轧车

度高于小辊轧车速度时,松紧架中间导辊向下移动,通过链条带动同步传感器内的角度传感装置,输出负的速差信号,反馈到 PID 同步控制器输入端,在 PID 控制器内与主令信号叠加后,经输出端子输出的电压降低,从而控制变频器输出频率降低,使大轧车线速度与主轧车线速度一致。这样便实现了从动单元与主动单元之间的同步,反之亦然。同样其他单元如各小轧车之间,也通过松紧架 PID 同步控制器保持线速度一致。

3. 洗涤的基本工艺条件

织物洗涤的基本工艺条件有温度、时间和助剂,这是关键的工艺三要素。洗涤的温度是确保色浆中未与纤维反应的染料、助剂和糊料的膨化、溶解,每个阶段的温度根据所洗涤的印花染料的性能而定,各阶段(各槽)的洗涤温度不尽相同;洗涤的时间是为了保证织物上面的浆料、膨化或溶解的助剂以及浮色有充分的时间从纤维上剥离下来进入水中,对于不同的浆料和染料,洗涤所需要的时间也会有所区别;而洗涤用的助剂(皂洗剂、洗涤剂、螯合分散剂等)使得掉落在水中的染料、糊料和色浆中的助剂不再上染纤维,螯合分散剂起到对这些杂质螯合的作用,而洗涤剂则清洗了织物,使得与纤维结合的染料色光艳丽,并具有良好的色牢度指标。所以,在印花织物洗涤时,每个洗槽规定的温度、时间和助剂的量是不可随意改变的,工艺上车率显得尤为重要。

三、注意事项

(1)穿头引带、揩车、揩轧辊、处理故障都必须停机进行,并切断电源,挂上安全警告牌。

(2)发现导布或布匹起皱和打结时,必须停车解决。

(3)烘缸及平洗槽穿头时,注意脚要踏稳。

(4)推布箱时手不准扶在箱角上,并时刻注意周围的人和物。

第二节　运行控制

学习目标：熟练掌握洗涤的运行控制,掌握坯布运转疵点(跑偏)等的处理方法。熟练掌握对酸、碱、漂液浓度的控制和测定。

一、操作技能

1. 纠正布坯跑偏、卷边、折皱的方法

(1)纠正布坯跑偏的方法：织物洗涤时跑偏,如果是进布部分跑偏,需要检查吸边器和对中装置运转是否正常,并进行必要的调整；如果中间某个水洗槽的织物跑偏或布匹歪斜,切忌在轧辊进口处拉边,要在远离轧点的地方进行拉边。

(2)纠正卷边的方法：如果进布时发现卷边,要在织物经过吸边器后用竹夹把剥开的布边夹住。有时候织物进入某个水槽后产生卷边,剥边位置应在远离轧点处,将卷边剥开并夹上竹夹,然后在布匹落布时及时取出竹夹。

(3)纠正折皱的方法：在水洗过程中产生折皱,首先要检查折皱产生的部位,如果是压辊部分产生折皱,就要检查进入压辊时织物的平整度和织物运转的张力是否过大等,检查上下导辊是否与前后压轴平行及平整；如果折皱产生在平洗槽内,拉平后还会产生,那么就要检查上下导辊轴颈及轴承是否损坏,检查上下导辊轴承栓是否松动,检查蒸汽加热管喷汽孔方向是否对准织物布面,然后予以纠正；有时候平洗槽内织物运行跳动而形成折皱,需要检查下导辊轴颈及轴承是否损坏,检查织物张力是否太大,也可能是前后轧车线速度不统一等问题造成,需要进行调整。

2. 对酸、碱、漂液浓度的测定

现场酸、碱、漂液浓度的测定,一般用快速测定法,简便而准确。现对硫酸、盐酸、烧碱、纯碱和漂液的测定方法阐述如下:

(1)酸的测定方法:取试液 10mL 置于 250mL 烧杯中,加蒸馏水 100mL 及 1% 的酚酞指示剂溶液数滴,以 $c(NaOH) = 0.204 mol/L$ 氢氧化钠标准溶液滴定至微红色为终点,记录氢氧化钠的用量 V。

$$硫酸含量(g/L) = \frac{V \times c(NaOH) \times \frac{98}{2000}}{10} \times 1000 = V$$

$$盐酸含量(g/L) = \frac{V \times c(NaOH) \times \frac{36.46}{1000}}{10} \times 1000 = 0.744V$$

式中:$c(NaOH)$ 为氢氧化钠的浓度(mol/L);98 为硫酸的摩尔质量(g/mol);36.46 为盐酸的摩尔质量(g/mol)。

(2)碱的测定方法:取试液 10mL 置于 250mL 锥形瓶中,加蒸馏水 100mL,加 1% 酚酞指示剂数滴,以 $c(HCl) = 0.5 mol/L$ 盐酸标准溶液滴定至红色消失为第一终点,记录盐酸耗用量 V_1,再加入 0.1% 甲基橙指示剂数滴,$c(HCl) = 0.5 mol/L$ 盐酸标准溶液滴定至呈微橘红色为终点,记录第二次盐酸用量 V_2。

$$烧碱含量(g/L) = \frac{(V_1 - V_2) \times c(HCl) \times \frac{40}{1000}}{10} \times 1000 = 2(V_1 - V_2)$$

$$纯碱含量(g/L) = \frac{2V_2 \times c(HCl) \times \frac{106}{2000}}{10} \times 1000 = 53V_2$$

式中:$c(HCl)$ 为盐酸标准溶液的浓度(mol/L);40 为烧碱的摩尔质量(g/mol);106 为纯碱的摩尔质量(g/mol)。

(3)漂液的测定方法:印染企业常用的漂液有次氯酸盐漂液、双氧水漂液。

双氧水漂液的测定方法:取试液 5mL 置于 250mL 锥形瓶中,加蒸馏水至 100mL,再加入 10mL $c\left(\frac{1}{2}H_2SO_4\right)=6mol/L$ 硫酸,用 $c\left(\frac{1}{5}KMnO_4\right)=0.294mol/L$ 高锰酸钾标准溶液滴定至刚出现微红色为终点,记录高锰酸钾的用量 V。

$$双氧水含量(g/L)=\frac{c\left(\frac{1}{5}KMnO_4\right)\times V\times\frac{34}{2000}}{5}\times1000=V$$

式中:$c\left(\frac{1}{5}KMnO_4\right)$ 为高锰酸钾标准溶液的浓度(mol/L);34 为双氧水的摩尔质量(g/mol)。

二、相关知识

1. 水洗机的操作方法

水洗机运转过程中的操作主要是维护水洗机正常生产的需要。监督和检查布匹的正常运转及洗涤剂的正确滴加。因为在洗涤运转过程中,可能会发生一些意外而影响设备的运行和洗涤的质量。因此,设备在运转中发现问题需要第一时间予以解决。例如,机器在运转中发现卷边和布匹歪斜,切忌在轧辊进口处剥边、拉边,剥边应在远离轧点处将卷边剥开并夹上竹夹,在布匹落布时及时取出竹夹。纠正布斜也应在远离轧点处拉边;配制和使用硫酸、烧碱时都要佩戴橡胶手套、风镜、长筒胶鞋、口罩等劳动保护用品,以防酸碱溅出和刺激鼻腔,配制稀硫酸溶液时应将浓硫酸慢慢倒入水中搅拌,严禁将水倒入硫酸中;提拿硫酸桶时应用铁夹子;酸桶不得放在通道或容易让人碰撞的地方,防止撞翻碰破;发现电器设备失灵或故障,及时切断电源,停止使用并报维修人员进行检修,非电工人员,一律不得拆修电器设备;不得用水冲湿电动机、电器设备,也不得用湿手接触电器,以免触电。运转中发现机器故障如机器异声、张力不稳、压力不匀等应及时停车,通知保养工及电工。

生产完毕必须关闭水、电、汽阀门,水槽内污水排放干净并冲洗干净,各轧辊放松分离,防止辊受力变形;再打开排汽阀和疏水器;清洁配液桶和加液管道,检查温度计、压力表是否正确;检查缝纫机是否完好;检查水洗槽的蒸汽管阀门、自来水阀门、排水阀是否漏汽、漏水,发现问题及时检修;设备及周边卫生打扫干净,布车及工具摆放整齐。天冷或节日停车,胶木轧辊应用棉布包扎好。经全面检查确认无异常问题时,方可离开。

2. 相关溶液的测定方法

在本节中,对于主要的酸、碱和氧化剂的现场基本测试方法已进行了说明。在这里对洗涤中用到的氧化液和还原液的测试也进行一下介绍。主要的氧化剂有过硼酸钠液($NaBO_2 \cdot H_2O_2 \cdot 3H_2O$)和亚硝酸钠液($NaNO_2$),还原剂有亚硫酸氢钠液($NaHSO_3$)和大苏打(硫代硫酸钠 $Na_2S_2O_3 \cdot 5H_2O$)。

过硼酸钠液的测试方法:取试液 10mL 置于 250mL 锥形瓶中,加蒸馏水 100mL,加 20mL 的 $c\left(\frac{1}{2}H_2SO_4\right)=0.25mol/L$ 硫酸,用高锰酸钾标准溶液 $c\left(\frac{1}{5}KMnO_4\right)=0.1mol/L$ 滴定,滴至淡红色出现,并能维持 30s 不褪色即为终点,记录高锰酸钾的耗用量 V。

$$过硼酸钠含量(g/L)=\frac{c\left(\frac{1}{5}KMnO_4\right)\times V\times \frac{153.9}{2000}}{10}\times 1000=0.77V$$

式中:$c\left(\dfrac{1}{5}\text{KMnO}_4\right)$ 为高锰酸钾标准溶液的浓度(mol/L);153.9 为过硼酸钠($\text{NaBO}_2 \cdot \text{H}_2\text{O}_2 \cdot 3\text{H}_2\text{O}$)的摩尔质量(g/mol)。

亚硝酸钠液(NaNO_2)的测试方法:在 250mL 锥形瓶中加入高锰酸钾标准溶液 50mL $c\left(\dfrac{1}{5}\text{KMnO}_4\right)=0.1\text{mol/L}$,20% 的硫酸 25mL,蒸馏水 30mL。用移液管取试液 10mL,在搅拌中慢慢加入,加完后放置 10min,加入 2g 碘化钾固体,再放置 5min。然后用硫代硫酸钠标准溶液 $c(\text{Na}_2\text{S}_2\text{O}_3)=0.1\text{mol/L}$ 滴定至淡黄色,加入 0.5% 淀粉指示剂 2~3mL,继续用 0.1mol/L 硫代硫酸钠标准溶液滴定至蓝色刚消失为终点,记录硫代硫酸钠的用量 V。

$$\text{亚硝酸钠含量}(\text{g/L}) = \dfrac{(50-V)\times c(\text{Na}_2\text{S}_2\text{O}_3)\times \dfrac{69}{2000}}{10}\times 1000 = 0.345(50-V)$$

式中:$c(\text{Na}_2\text{S}_2\text{O}_3)$ 为硫代硫酸钠标准溶液的浓度(mol/L);69 为亚硝酸钠的摩尔质量(g/mol)。

亚硫酸氢钠(NaHSO_3)还原液的测试方法:在 250mL 锥形瓶中加入 100mL 的蒸馏水,再加入 5mL 碘标准液 $c\left(\dfrac{1}{2}\text{I}_2\right)=0.10\text{mol/L}$,6mol/L 盐酸 5mL。将亚硫酸氢钠液置于滴定管中,滴定至锥形瓶中溶液呈淡黄色时,再加入 0.5% 的淀粉指示剂 2~3 滴,继续滴至蓝色刚消失为终点,记录亚硫酸氢钠的用量 V。

$$\text{亚硫酸氢钠含量}(\text{g/L}) = \dfrac{5\times c\left(\dfrac{1}{2}\text{I}_2\right)\times \dfrac{104.06}{2000}}{V}\times 1000 = \dfrac{26.00}{V}$$

式中:$c\left(\dfrac{1}{2}\text{I}_2\right)$ 为碘液的浓度;104.06 为亚硫酸氢钠的摩尔质量(g/mol)。

大苏打液(硫代硫酸钠 $Na_2S_2O_3 \cdot 5H_2O$)的测定:吸取大苏打试液 20mL 置于 250mL 的锥形瓶中,加蒸馏水 100mL,加 0.5% 淀粉液 2~3mL,用 $c\left(\frac{1}{2}I_2\right) = 0.10\text{mol/L}$ 碘标准溶液滴定,滴至溶液刚出现微蓝色为终点,记录碘溶液的用量 V。

$$大苏打含量(g/L) = \frac{c\left(\frac{1}{2}I_2\right) \times V \times \frac{248.2}{1000}}{20} \times 1000 = 1.241V$$

$$硫代硫酸钠含量(g/L) = \frac{c\left(\frac{1}{2}I_2\right) \times V \times \frac{158.1}{1000}}{20} \times 1000 = 0.79V$$

式中:$c\left(\frac{1}{2}I_2\right)$ 为碘溶液的浓度(mol/L);248.2 为大苏打的摩尔质量(g/mol);158.1 为硫代硫酸钠的摩尔质量(g/mol)。

其中摩尔质量的含义:单位物质的量的物质所具有的质量,称为摩尔质量,用符号 M 表示。当物质的质量以克为单位时,摩尔质量的单位为 g/mol,在数值上等于该物质的相对原子质量或相对分子质量。

三、注意事项

(1)水洗机操作时需注意,穿头引带、挡车、揩轧辊、处理故障都必须停机进行,并切断电源,挂上安全警告牌;烘缸及平洗槽穿头时,注意脚要踏稳,进蒸箱时,除停车和挂上安全警告牌外,必须等蒸箱降温后方可入内;不得用水冲湿电动机、电器设备,也不得用湿手接触电器,以免触电。

在使用过程中,设备上不能放置工器具及杂物等,确保安全运行。随时注意观察各槽运转情况,显示屏指示应准确、灵敏,设备运转声响应正常,如有异常,立即停机检查,解决后才能开机。设备发生故障后,自己不能排除的应立即与维修工联系,与维修工一起工作,并提供故障的发生、发展情况。

当班工作结束后,无论是运行交班还是停机交班,都应进行清洁工作,要求达到设备清洁,工作场地清洁、整齐,加工件存放整齐。设备运转正常,工艺执行正确。安全防护装置完好,工器具完好,缝纫机、剪刀、针线完好。操作显示屏工艺数据显示准确,各传输管接口处无泄漏现象。认真填写交接班记录。清洁工作未完成时,不得离开工作岗位。

切实加强使用前、使用过程中和使用后的清洁保养,及时消除隐患,排除故障。改善设备的技术状况,减少故障发生频率,杜绝事故发生,提高设备的使用寿命。同时要做好使用运行情况记录,保证原始资料、凭证的正确性和完整性。

操作工要注意设备不带病运转,不超负荷使用。细心爱护设备,防止事故发生。

熟悉设备结构,掌握设备的技术性能和操作方法,懂得加工工艺,正确使用设备;正确地按润滑图表规定加油,保证设备润滑。认真清扫,保持设备清洁。检查安全防护和保险装置。对简单故障进行排除,能通过不正常的声音、温度、供汽和辊筒、轧辊的运转情况,发现设备的异常,及时采取措施,排除故障。发生事故,参加分析,明确事故原因,吸取教训,做出预防措施。

(2)溶液测定时,取试液要安全,酸碱液不要碰到皮肤。测定时要按照操作法准确滴定,标准溶液不过期。

(3)进蒸箱时,除停车和挂上安全警告牌外,必须等蒸箱降温后方可入内。

第三节　常见故障处理

学习目标: 掌握水洗机常见故障的处理。

一、操作技能

遇到进布单元故障,如进布歪斜、卷边、折皱等,需调慢车速,首先检查进布是否平整,吸边器运行是否良好,调整两面吸边器的距离位置,再检查扩幅装置是否良好,检查对中装置是否良好,转动张力架,调整好进布张力大小。待正常进布后再调到正常车速。

水洗机的两个水槽之间是通过小轧辊连接起来的,小轧辊轧液,以降低织物带液量,节约洗涤用剂,减少后续烘干工序烘燥热量的消耗,同时轧除洗涤织物上的污液,使清浊分离,牵引织物进行洗涤。平洗小轧车轧辊上下失灵,需要检查加压设备是否失灵,检查汽阀汽管是否失灵、损坏或堵塞,检查供汽压力是否正常。发现有不良部分予以修复。平洗槽出液口口不通,应检查出液口清洁,发现垃圾清理掉,清理通道的垃圾。平洗小轧车轧辊轧不干,需检查主被动轧辊是否表面凹凸不平或呈圆锥形或橄榄形,检查被动压辊表面硬度,是否超过标准,橡胶层是否老化或龟裂,还是加压装置相碰而影响轧辊加压,这些问题的发生,需要和机修部门联系,予以维修。

二、相关知识

水洗机常见故障及处理方法,大约有以下几种:

(1)平洗小轧车主动辊线速度不对,需检查各个小轧车主动辊直径是否由小到大顺序排列。

（2）平洗小轧车轴承发热，这是轴承内断油运转所致，严重的可引起轴承磨坏，需要进行检查，添加润滑油。

（3）平洗传动齿轮有声响，往往是传动齿轮或减速箱齿轮损坏和断油，或者减速箱滚动轴承损坏和断油，上下轧辊轴承损坏和断油所致。发现这种现象需要立即停机检查，以免长时间缺油而磨损设备。

（4）当平洗槽内的织物在运转中产生有规律的皱条，则需要检查上下导辊辊面有没有出现凹凸不平的现象，或者上下导辊有弯曲，需要停机更换导辊。

（5）平洗槽内织物产生无规则皱条，需检查上下导辊轴颈及轴承是否有损坏，检查上下导辊轴承栓是否有松动，检查上下导辊是否与前后压轴平行及平整，检查蒸汽加热管喷汽孔方向是否对准织物布面。以上四个原因都必须停机维修。

（6）平洗槽内织物在运行时出现跳动，需要检查下导辊轴颈及轴承是否磨损或损坏，检查织物张力是否太大，如果是，就要测试前后轧车线速度是否同步。

三、注意事项

处理水洗机故障时要注意安全，操作时要注意观察设备运行情况，及时发现异常，及时报修，避免设备带病运转。处理故障必须停机挂警示牌。

思考题

1. 水洗机开机和关机的注意事项有哪些？
2. 轧辊的工作原理是什么，如何根据不同的织物调整轧辊压力？
3. 洗涤的工艺要素是什么，为什么？

4. 洗涤运行过程中的要点是什么?
5. 如何快速、安全地纠正布坯跑偏、卷边和折皱?
6. 常用溶液的现场测试方法是怎样的,举一例说明(酸、碱、漂液)。
7. 水洗机有哪些常见故障,如何处理,举一例说明。

第八章　洗涤后处理

第一节　填写生产记录

学习目标:生产结束后按要求正确填写生产记录、质量记录和工艺记录。熟知洗涤工序的生产管理知识。

一、操作技能

1. 填写产量记录

生产结束后,需要填写完整的生产记录。在生产流程卡上填写必要的数据,例如该车织物的生产时间、生产的设备、生产的人员和产量。如果一个班同时生产几个不同的花型,需要根据生产织物的网号、色号、数量,一一填写清楚。一是交接班的需要,让下一班了解上一班生产的状况,作为参考;二是日产量统计的需要,产量的统计需要提供正确的数据,反映生产的真实性和可靠性,为企业提供统计的原始数据。

2. 填写质量记录

生产结束后除了记录产量,还要记录质量。生产中产品的质量不能马虎,准确记录上一班交下来的产品质量和本班生产的产品质量,主要是前道生产时发生的影响产品质量的因素,例如印花时已经发生的搭色、破洞、抽纱等和在本班洗涤生产中新出现的质量问题,各种类型质量疵点的织物的数量、疵点的类型及采用的解决方法等。其次是水洗机使用时的质量问题记录，也就是设备的使用状态记录，有没有出现设备故障，停机时间和维修后的使用状况等。再次是在生产中能源（水、电、汽）的供应情况是否正常，有没有发生中断供应或供汽压力不足等情况。以上几点都需要一一记录详细，作为质量追索的原始记录。

3. 填写生产工艺参数的记录

填写生产的工艺参数，需要对每个经过洗涤加工的花型进行填写，使用什么洗涤工艺，是活性染料洗涤工艺还是还原染料洗涤工艺等，有的企业把工艺分成号码编制，那么就要写明是几号工艺。记录生产时每个水槽的温度、时间和加洗涤剂的量，烘筒的蒸汽压和水洗机运行的车速。在洗涤运行过程中，这些工艺参数有没有发生过变化，都要一一记录完整。在洗涤运行过程中是否进行过工艺抽样和工艺上车率的测试以及测试的情况记录。

二、相关知识

洗涤工序的生产管理就是洗涤部门的现场管理。现场管理是指用科学的管理制度、标准和方法对生产现场各生产要素，包括人（工人和管理人员）、机（设备、工具、工位器具）、料（原材料）、法（加工、检测方法）、环（环境）、信（信息）等进行合理有效的计划、组织、协调、控制和检测，使其处于良好的结合状态，达到优质、高效、低耗、均衡、安全、文明生产的目的。现场管理是生产第一线的综合管理，是生产管理的重要内容。作为洗涤工的现场管理，必须根据企业的各项规章制度、技术标准、管理标准、工作标准、劳动及消耗定额、统计台账等，进行生产管理，以保证印花后的洗涤织物能够按时、按质、按量完成。主要内容包括开机准备、运行和关机的现场管理。在管理中坚持以低耗高质为原则，例如提高烘燥效率可采取的措施，可以是适当增大进汽压力，提高烘筒温度，从而加快织物表面热交换速度和内部传递速度；或是迅速有效地排除烘筒中的冷凝水；可减少筒内水层厚度，有利于传热；也可向被烘织物汽化表面吹风，提高烘干效率。因为水分自被烘织物自由表面汽化时，在织物表面形成呆滞的水汽层，不利于织物内水分继续向自由表面扩散，向这个区域吹风，可减薄和破坏这一汽层，使织物汽化表面附近空间的蒸汽压下降，加速了汽化速率。这些细微的操作都需要严格的现场管理来保证。

现场管理包括对被洗涤织物的现场管理，洗涤工具、助剂的现场管理，人员的安排和洗涤设备的现场管理。作为现场管理，每个企业有其不同的管理模式，但是目的是一致的，通过管理提高劳动生产率、提高质量和为企业带来更大的财富。例如：对现场实行"定置管理"，根据织物处于不同的加工工序分置堆放，避免重复加工或跳空加工而造成损失，使人流、物流、信息流畅通有序，现场环境整洁，有利于文明生产和安全生产；有效地控制投入产出，先蒸先洗或按计划洗涤，有时候也需要在保证质量的前提下按同类工艺调整洗涤顺序，例如从浅洗到深，或从深洗到浅，以提高洗涤的生产效率，提高现场管理的运行效能，按计划完成生产任务；加强运行时的工艺执行，提高工艺的重现性和稳定性，提高工艺上车率，严格按工艺要求组织生产，使生产处于受控状态，保证产品质量；劳动力的组织也是现场管理的一个重要方面，充分调动员工的积极性和创造性，以生产现场组织体系的合理化、高效化为目的，不断优化生产劳动组织，提高劳动效率。已经洗涤好的织物填好生产记录卡，及时交付下道工序继续加工，做好生产链的承上启下工作。

三、注意事项

遇到生产上的问题要及时报告有关人员解决,无论是质量问题、劳动力问题,还是设备运行的完好率问题,都需要及时报告,在第一时间进行处理,把损失控制在最小范围。

第二节　洗涤设备的保养

学习目标:熟悉洗涤设备各部分的清洁、保养工作和加油制度。

一、操作技能

1. 机台各部分的清洁

机台各部分的清洁在停机后进行。对进布架的各导布辊上的纱头、绒毛等进行清洁;对每个水槽的内部进行清洁,特别是喷淋箱和带有助剂的洗涤槽的清理,使水槽内不留有洗涤时产生的污物;对烘房烘筒进行清洁时,要注意操作安全,脚底站稳,需要等烘房烘筒冷却后再进行清洁工作;对每个小轧车进行清洁,放松轧辊,并用水冲洗干净,切忌硬物接触轧辊而产生凹坑;对使用的工器具进行清洗,并放置到规定的地方;对缝纫机进行清洁、加油等;最后对水洗设备周围的场地进行清洁,关好水阀。

2. 日常加油保养

对平洗小轧车加压销钉,每周需加少量机油一次;平洗下导辊及轴承,每二、三周检查一次,发现问题及时解决;平洗上导辊轴承,每半年检查一次,保持轴承的良好运转,滑动轴承每周加适量牛油,滚动轴承每三个月加黄牛油一次,以保持运转的润滑度,防止齿轮磨损;对平洗小轧车轴承、滑动轴承每班加适量机油一次,滚动轴承每周加黄油一次,且每年检查一次并换新油;平洗传动齿轮,每年检查一次,对开式齿轮,每周加少量黄油一次;对闭式齿轮,每年换新机油一次。

二、相关知识

机台清洁保养及加油制度:机台清洁保养的目的是为了设备自身运动的需要,是使设备经常处于良好技术状态的基础工作。设备清洁保养工作包括日常的清洁保养、设备的润滑和定期加油。通过对设备清洁保养,达到工器具堆放整齐、合理,安全防护装置齐全,线路、管道完整;设备内外清洁,无灰尘,无锈蚀,各运行单元机无油污、杂质,无水电汽的跑、冒、滴、漏,场地垃圾清扫干净;按设备各部位润滑要求,按时加油,油质必须符合要求,油壶、油枪、油杯齐全,使油路畅通。操作工需熟悉设备性能、结构和原理,遵守操作规程,正确使用,精心保养。要求严格实行定人、定机、定岗位职责和交接班制度。

三、注意事项

水洗设备基本上是以水洗槽、轧辊和烘房为主体,具有用汽多、轧点多、烘筒表面温度高的特点,所以在操作时,必须特别注意安全。注意手不接触进布处的轧点。开蒸汽阀时人站在汽阀的侧面。槽内无水时先进水,待水浸没蒸汽管时再慢慢开启蒸汽阀。

思考题

1. 生产记录包括哪些方面的内容,填写要求是什么?
2. 水洗机生产管理的基本知识是什么?
3. 水洗机清洁保养的内容是什么?
4. 机台哪些部位需要加油?

下篇 高级工

第九章 洗涤前准备

第一节 设备准备

学习目标:了解洗涤设备,能够根据织物结构性能选择合理的水洗设备。

一、操作技能

根据织物结构和洗涤要求选择合理的水洗设备。同种纤维用不同织造方法织成的织物结构,其印花后选择的洗涤设备也有所差异。例如棉机织布和纯棉针织布水洗机的选择就不相同,纯棉机织布的水洗适应性比较强,几乎可用所有的平洗机进行洗涤。因为一般的平幅水洗机都具备喷淋、水洗、皂洗或皂煮、水洗功能,并具有和水洗槽配套的各小轧车、大轧车、烘筒烘干等单元机,从进布到出布棉织物在每槽有足够的停留时间,满足了工艺要求的温度、加液装置等条件。另外,棉机织布的径向弹性不明显,张力适应范围比较广泛,即使是经弹棉织物,其弹力的大小和针织布相比,也是非常有限的,通过进布张力和轧辊的压力调节,完全能满足洗涤要求。而对于针织布来说,即使是纯棉针织物,在受力状态下,其尺寸变化也是很大的。针织布的弹性织物在小张力状态下的经向伸长可以达到40%以上。所以,对于针织物的洗涤,要求水洗机在低张力状态下或松式无张力状态下运行,目的是保持针织布的原始状态,不致通过水洗遭受拉长或织造线圈的永久变形,而影响每平方米的克重数和服用质量。所以,对于针织物的水洗,最为传统的水洗机是绳状机,即只受到织物自重作用的松式间歇式水洗。随着针织布的发展,针织松式连续水洗机应运而生,大多数比较完善的针织连续水洗机是平幅喷淋和绳状洗涤相结合的连续水洗机,出布往往采用轧水、开幅、落布,烘干部分在针织松式烘干机内完成。也有的直接在针织定形机上超喂柔软。针织连续水洗机和间歇式绳状水洗机相比较,经向伸长还是以绳状机最小。对于针织物印花后的水洗,考虑到产量和效率的关系,选择松式的平幅和绳状一体化连续水洗机,小批量的针织物印花可以选用间歇式绳状水洗机。

  呢绒直接印花后的水洗,需要选用专门洗厚重织物的呢绒水洗机进行洗涤,传统的呢绒水洗机类似于绳状水洗机,只是使用能承受更大重量和堆置空间的绳状水洗机进行洗涤。也可以用多台间歇式洗呢机串联生产,达到完成连续化生产的目的。

  真丝面料在洗涤运转过程中任何摩擦都会引起表面的擦伤。所以,对于真丝织物的洗涤,可分为平纹类、缎类和绉类。平纹类和缎类织物必须在连续平洗机中进行水洗,而且是小张力的水洗机。适合于真丝织物洗涤的连续平洗机大致由进出布架、喷淋槽、振荡水洗槽、洗涤槽和轧辊等组成,织物在运行过程中不能有褶皱产生或生成皱印。缎类织物的表面非常容易擦伤,在运行中所接触的导布辊或其他机械内壁都必须光滑,因此对设备内体的光洁度要求很高。而对于针织物及丝类绉织物的水洗,可以在上述水洗机中进行,也可以在传统的绳状水洗机中进行,还可以在平洗和绳状相结合的连续式松式水洗机中进行。但是在连续水洗机中洗涤时,过槽时的压水辊压力越小越好,以带动织物运转为原则,否则,会因为压力和张力的作用使绉纹效应减退。织物印花后的洗涤,除了织造类别的差异,还需要根据印花工艺所选用的染料的洗涤工艺要求来选择水洗机。

二、相关知识

织物规格包括织物的成分、组织结构,同时也要了解织物的外观特点、服用性能和涉及的水洗要求。成分例如棉、毛、丝、麻、黏胶、竹纤维等天然纤维和涤纶、锦纶、腈纶、莫代尔以及以涤纶为主的各种新型化学纤维。组织结构一般指织造的状态,例如平纹组织、斜纹组织、缎纹组织、提花组织等。

三、注意事项

真丝织物表面非常容易擦伤,在运行中所接触的导布辊或其他机械内壁必须光滑,因此,必须保证设备内体有足够的光洁度。

第二节 工艺及助剂准备

学习目标:能够根据来坯洗涤要求选择洗涤工艺,能够按工艺要求选择合适的助剂。

一、操作技能

1. 根据来坯要求选择洗涤工艺

(1)各种面料的洗涤条件:印花织物的洗涤条件需要根据印花所用染料需要的洗涤条件,织物的成分和织造规格所需要的洗涤条件而定。

织物印花后的洗涤,从洗涤设备来说,有平幅连续皂洗机、连续绳状水洗机、平幅绳状一体化的连续水洗机和间歇式绳状水洗机。连续水洗机是由很多单元机根据各企业需要选择构成的,主要构成的单元机有喷淋槽、振荡水洗槽、平洗槽、透风架、皂煮箱、水洗槽、轧车、烘筒等。其中每个单元机的个数视需要而定。工艺条件是指满足水洗工艺条件的设备配置,例如活性染料棉布直接印花的水洗工艺流程为:

室温水喷淋(两格槽)→冷水洗→热水洗(60℃)→皂洗(皂洗剂 2g/L,95~100℃,5min)→皂洗(皂洗剂 2g/L,95~100℃,5min)→热水洗→温水洗→烘干

设备至少由八格平洗槽组成,在这个过程中需要满足各道工序需要的洗涤时间、每槽的洗涤温度以及加料的条件等,来满足织物的洗涤条件。

还原染料棉布直接印花的水洗,与活性染料印花相比较,多了氧化显色的工序,那么至少需要比活性染料印花水洗多一格水槽或透风架,用以满足氧化显色的需要。也就是说相同印花面料使用不同染料印花,水洗要求会随染料的特性而有所区别。

涤纶织物分散染料印花后的洗涤工艺流程:

冷流水喷淋(3min)→高温还原清洗(10~15min,温度 95~100℃)→热水洗→清水洗(10min)→烘干

适合涤纶机织物印花后洗涤的水洗机,只要在每个工序时间停留上和升温的最高温度上满足要求即可。当然,洗涤槽的机械材料必须是耐酸碱腐蚀的。

锦纶面料印花,以泳衣面料为主,还有的用做户外帐篷、阳伞等。泳衣面料大多为锦纶针织布印花,必须选择小张力针织连续水洗机或是绳状机洗涤,以保持优良的弹力性能。而野外用品的锦纶布都是以

机织布为主，所以需要用平幅连续水洗机洗涤。

面料的组织结构决定了面料的最终用途，而面料的最终用途关系到洗涤的要求，面料洗涤的要求是我们选择洗涤设备的依据。

（2）各种工艺要求的洗涤方法：各种工艺的洗涤，主要是指各种染料印花工艺后的水洗处理，常用的印花工艺有活性染料印花、不溶性偶氮染料印花、色酚直接印花、稳定不溶性偶氮染料印花、还原染料印花、活性染料与可溶性还原染料同印、活性染料与稳定不溶性偶氮染料同印、活性染料与不溶性偶氮染料同印、可溶性还原染料与不溶性偶氮染料同印、不溶性偶氮染料与缩聚染料同印、活性染料与缩聚染料同印、酞菁染料直接印花、酞菁染料与活性染料同印、活性染料与还原染料同印、涂料与各种染料同印、阳离子染料印花、分散染料印花等，以上有几种印花工艺随着染料的发展和环保的需要，色谱受到限制，已经很少使用了。各种印花工艺的后处理洗涤工艺根据染料结构和性能的不同而异，但洗涤目的是一样的，即需要洗去未固着在纤维上的染料和浮色，洗去印花浆中的助剂和糊料，达到染料艳丽的色泽和在纤维上应有的牢度。

活性染料直接印花的工艺流程：

印花→蒸化→水洗→烘干→定形

活性染料和纤维素纤维以共价键结合，具有良好的湿处理牢度。其中小部分没有和纤维结合的活性染料和少量水解的活性染料以及色浆中的浆料、助剂，必须通过水洗予以除去。活性染料直接印花的洗涤工艺流程：

第一格冷水洗（室温）→第二格冷水洗（室温）→第三格热水洗（60℃）→第四、第五格皂煮[90~95℃，3~5min，全能皂洗剂721-100,1:(4~6)开稀，用量1~4g/L]→第六格热水洗（90~95℃）→第七

格热水洗(90~95℃)→第八格固色(无醛固色剂734-60,5~20g/L)→烘干

活性染料印花的固色视需要而定,一般中浅色活性染料印花布需要固色。对于白地深色花型的印花布在皂煮时可加入防沾色清洗剂(如A-507,1~3 g/L),以防止洗涤下来的染料分子重新上染纤维。色浆中的助剂主要是纯碱和尿素,即使在处方中使用的是小苏打,通过蒸化,小苏打已经转化为纯碱,浆料主要是海藻酸钠或者是丙烯酸类活性增稠剂。在洗涤过程中,室温水喷淋冲去部分染料浮色、尿素和碱剂,使浆料膨化和脱落;热水洗是为了进一步洗去布面的碱剂和浆料,特别是对碱剂的去除,会影响皂洗的质量;皂洗是活性染料最主要的洗涤阶段,洗涤时间为5~10min,在皂洗剂的作用下去除织物上的水解染料,同时进一步去除浆料;然后通过热水洗和温水洗,把织物上的皂洗剂清除,达到活性染料鲜艳的颜色和应有的牢度,达到洗涤目的。

不溶性偶氮染料直接印花的工艺流程:

色酚打底→烘干→印花→烘干→碱洗→水洗→皂洗→水洗→烘干

不溶性偶氮染料直接印花的水洗工艺流程:

平洗小轧车一浸一轧(纯碱或亚硫酸钠5g/L)→第一格热碱洗(24.5%烧碱4mL/L,70~80℃)→第二格热碱洗(24.5%烧碱4mL/L,70~80℃)→第三格皂洗[85~95℃,皂洗剂721-100,1:(4~6)稀释,用量1~4g/L]→第四格皂洗[85~95℃,皂洗剂721-100,1:(4~6)稀释,用量1~4g/L]→第五格热水洗(85~95℃)→第六格热水洗(85~95℃)→第七格冷水洗→第八格轧漂(有效氯1.77~9.6g/L的次氯酸钠)→烘干

碱洗是为了洗去未印地方的色酚打底剂,色酚打底剂需要在没有被氧化和水解时洗去,否则色酚氧化后颜色变深,就很难去除。所以,

未印花的色酚打底布应尽快送印花机使用,印前印后都需用布包好,与空气中的氧气隔离。色酚本身不溶于水,在烧碱中与碱作用生成色酚钠盐而溶解于水,易氧化而失去偶合能力,所以在碱液中能洗尽织物上的色酚,使白地洁白。同时烧碱还有助于除去浆料,使织物柔软。轧槽中应保持固体烧碱 $3\sim4g/L$,温度 $75\sim80℃$;再经过热水洗,去掉黏附在织物上和水中的色酚钠盐和浆料,然后进行皂洗。皂洗的温度在 $90℃$ 以上,平洗槽需加盖,保持温度恒定,一般需要平洗两次,第一次碱洗、热水洗,最后一格冷水洗。第二次皂洗,皂洗浴中加皂洗剂或肥皂 $3\sim5g/L$,并可加些烧碱,易于洗去残余色酚;若皂煮后用两格平洗槽蒸洗,则更为有利,末格洗槽可浸轧 $0.5\sim1g/L$ 有效氯漂液轻漂,提高白度,但应注意的是印花处方中的色基和色盐需耐氯漂,如果印花处方中含有不耐氯漂的色酚或色盐,就不能使用漂液轻漂;蒸化工序不是特定工序,在蒸化机中快速蒸化一次,能使色酚色基充分偶合,提高给色量和牢度。但是因为红 B/RL,红酱 GP 等色基不耐汽蒸,蒸后变色且影响牢度,此类染料不宜蒸化。可在色浆中加 $5\sim10g/kg$ 防染盐 S,稍有改善。对于花纹面积不大,或色基(色盐)用量不高的印花织物,一般不需要蒸化。经过皂洗后就直接水洗烘干。

色酚直接印花是在坯布上先用色酚印花,然后轧染重氮化显色液,使印花处的色酚和色基发生重氮化偶合反应显色。印花工艺流程:

印花→显色→透风→冷流水冲洗→热水洗→皂煮→水洗→烘干

显色的颜色基本上由色基决定。所以,色酚直接印花的水洗工艺流程为:显色,为了保证白地洁白,选择重氮液色泽较浅的色基,显色液的 pH 值控制与偶合比例,即色基溶液浓度的控制,应根据色酚色浆浓度按偶合比算出。为防止色酚落入轧槽,可在显色液内加食盐 $25\sim30g/L$;透风,无色或浅色色基,显色透风 $30\sim40s$ 后,直接用冷流水冲洗,然后热水洗、皂煮、水洗、烘干。对于色酚印花面积较小或重氮化色基带黄棕色时,显色后可经过酸洗、水洗,再用重亚硫酸钠 6~8g/L 浸洗,充分除去未偶合的重氮色基后,再皂煮、水洗、烘干。

稳定不溶性偶氮染料印花:稳定不溶性偶氮染料有三种,快色素、快胺素(含中性素)和快磺素。

快色素染料是色酚和反式重氮盐的混合物。快色素的水洗工艺流程：

印花→烘干→显色(102~104℃汽蒸 3~5min)→采用面轧或浸轧浸酸(98%醋酸 15mL/L,无水硫酸钠 30~50g/L,温度 70~80℃)→冷水洗→皂洗(90℃以上,皂洗剂 2~4g/L,具体用量根据皂洗剂洗涤效率而定)→热水洗(80~90℃)→水洗→烘干

中性素染料是色酚与仲胺稳定的重氮氨基化合物的混合物。其工艺流程为:

印花→烘干→显色(102~104℃汽蒸 3~5min)→冷水洗→皂洗(90℃以上,皂洗剂 2~4g/L,具体用量根据皂洗剂洗涤效率而定)→热水洗(80~90℃)→水洗→烘干

快磺素染料是色酚与色基重氮磺酸钠盐的混合物,应用最多的是拉元。在热、氧化剂和光的作用下转变为重氮盐,印花通过汽蒸后发生偶合显色。然后再水洗。水洗工艺流程为:

印花→烘干→显色(102~104℃汽蒸 7~10min)→冷水喷淋→热水洗→皂洗(90℃以上,烧碱 1g/L,皂洗剂 2~4g/L,具体用量根据皂洗剂洗涤效率而定)→热水洗(80~90℃)→水洗→烘干

在皂洗前需用大量水对织物进行冲洗。在皂洗时加入一定量的烧碱,有利于净洗。

色酚、色基及稳定不溶性偶氮染料的结构因有不少含有 24 种芳

香胺禁用染料而被淘汰。因此,这些工艺已很少采用。

还原染料印花的方法有雕白粉法和悬浮体法印花,有直接印花和作为色浆的拔染印花。其印花工艺流程均为:

印花→蒸化→水洗→氧化→还原皂洗→热水洗→水洗→烘干

还原染料印花后的水洗工艺流程均为:

第一格喷淋→第二格氧化(过硼酸钠 3~5g/L)→透风(20~30s)→第三格室温水洗→第四格温水洗(60℃)→第五格皂煮(全能皂洗剂 721,温度 85~90℃)→第六格皂煮(全能皂洗剂 721,温度 85~90℃)→第七格热水洗(80℃)→第八格热水洗(60℃)→第九格温水洗或加白→烘干→后整理

喷淋水洗是为了使浆料膨化,并冲洗掉大量的浮色;氧化是还原染料的特征,在喷淋的时候已经使织物暴露在空气中氧化了,对于较难氧化的还原染料,可以在专门的一格氧化槽内加入一定量的过硼酸钠氧化剂,进一步促使其氧化,还原染料的氧化是否充分是关系到染料发色正常的关键工序。然后再进入还原皂洗阶段。在还原皂洗时依托皂洗剂,进一步去除浆料和浮色。例如使用全能皂洗剂时,以 1:(4~6)稀释,用量 1~4g/L 即可,也可使用同类皂洗剂。最后通过热水和温水的清洗,把洗涤剂清洗干净。

可溶性还原染料(印地科素)的直接印花,是还原染料的隐色体硫酸酯,可直接溶解于水,对棉纤维的亲和力较还原染料小。其印花后的显色方法有酸显色法和蒸化显色法两种。酸显色法就是亚硝酸钠法,其中酸显色液的处方硫酸(62.5%)20~40mL,匀染剂 0.5g/L。显色时间根据染料性能不同分为 25~30min、50~60min、70~80min、80~90min 不等。酸显色法水洗工艺流程为:

(印花→烘干)→酸显色→透风→水洗→皂洗→水洗→烘干

蒸化法更适合与其他需要通过蒸化发色的染料共同印花。蒸化温度 102~104℃，时间 5~8min。水洗工艺流程为：

（印花→烘干→蒸化显色）→水洗→皂洗→水洗→烘干

在可溶性还原染料的印花中，如果不考虑显色方法的归属，其水洗工艺和还原染料相同。

还原染料用于拔染印花，地色可以是活性染料、直接染料、不溶性偶氮染料等不耐还原剂雕白粉的染料，拔染印花后的水洗工艺与还原染料直接印花相同。

活性染料与涂料同印后的水洗工艺流程为：

（印花→烘干→汽蒸）→水洗→热水洗→皂洗→热水洗→烘干

皂洗工艺同活性染料直接印花。

活性染料与可溶性还原染料共同印花的水洗工艺为：

（印花→烘干→汽蒸、酸显色）→冷水洗→热水洗→皂洗→热水洗→烘干

皂洗的工艺参照还原染料直接印花。

活性染料与稳定不溶性偶氮染料（快磺素、中性素、快色素染料）同浆印花的水洗工艺流程为：

（印花→烘干→汽蒸）→冷水洗→热水洗→皂洗→热水洗→烘干

具体参照中性素和快色素染料的水洗工艺条件。

活性染料与不溶性偶氮染料同印的印花工艺主要应用在不溶性偶氮染料防印活性染料的工艺中，其流程为：

白布色酚打底→印花→烘干→汽蒸→冷水冲洗→热水洗→碱洗→热水洗→皂洗→热水洗→烘干

这个工艺中需要注意的是，活性染料在色酚打底的布上的固色率较白布上要低，需要对活性染料进行选择。同时由于色基重氮浆中为

了达到良好的防染效果而加入了较多的酸剂,色浆中较低的 pH 值影响了色基的发色偶合,因此,通常用于防印时的重氮色基盐的用量需要比直接印花时适当增加。常用于拉元活性工艺印花。目前较多采用涂料防活性工艺印制黑线条精细花型替代了这一传统的工艺,在工艺上简化了很多。

涂料与各种染料同印时的水洗工艺都是按照单一染料直接印花的水洗工艺进行,涂料的存在对染料的水洗工艺没有影响。

阳离子染料是具有阳离子基团的能和腈纶以离子键结合的一种染料,除了传统的阳离子染料外,还有分散型阳离子染料和活性阳离子染料,分散型阳离子染料主要用于改性涤纶的印染,可与分散染料或弱酸性染料共浴。活性阳离子染料是具有活性基和阳离子基的双官能团染料,可同时对羊毛和腈纶上色,适合于毛腈混纺织物的加工。阳离子染料较多用于针织腈纶织物印花和腈纶毛毯的印花。其水洗工艺流程基本相同,只是在水洗时的工艺参数因织物的厚度差异而有所区别。工艺流程:

(印花→烘干→汽蒸)→室温水洗→皂洗(阴离子或非离子洗涤剂,40~45℃,15~30min)→水洗(30~40℃,10min)→水洗(30~40℃,10min)→水洗(30~40℃,10min)→烘干

最后的水洗根据印花面积的大小可采用 2~4 次不等。

直接染料印花适用于对牢度要求不高的棉、黏胶、丝绸织物,或者用于印花后需沙洗复旧效果的花型,利用直接染料牢度较差的特点,起到朦胧效果的作用。染料溶解后调入糊料,采用辊筒、圆网、平网或手工台版印花于织物上。染料是由糊料借助蒸化,由色浆到纤维表面再向纤维内部扩散,最后固着在织物上。蒸化机中的蒸汽提供湿度和温度,纤维吸收水分后,一方面可作为糊料中染料的溶剂,另外使纤维

膨化有利于染料的转移和扩散，温度可提高染料的扩散速率，使染料上染，由于直接染料湿处理牢度差，印花水洗后必须进行固色处理。印花的糊料选择很重要，有淀粉糊、黄糊精—淀粉糊、龙胶—淀粉糊等，根据工艺选择，一般直接印花色浆要有一定的稠度、流变性和很好的润湿性，染料容易传递到布上并渗透到织物内部，色浆的厚薄要恰当，印花不渗化、不断线，糊料容易在水中膨化，易洗涤。直接染料印花可以是直接印花，也可以直接染料染地色后拔染印花。印花工艺流程：

印花→蒸化→温水洗→固色→退浆→脱水→烘干→后整理

其水洗工艺为：

冷水洗→冷水洗→热水洗(50℃，洗涤剂 2g/L，白地防沾污剂2g/L，时间 15min，深色可换水洗涤两次)→固色(55℃，无醛固色剂3~5g/L，5min)→冷水洗→烘干

分散染料直接印花的印花工艺：

印花→烘干→蒸化固色(饱和蒸汽高温高压125~130℃,30min；或过热蒸汽175~180℃,8 min；还可热熔固色200~210℃,1min)→水洗→后整理

分散染料色浆中含有分散染料、硫酸铵、氯酸钠和海藻酸钠或分散染料专用的合成增稠剂，洗涤较为方便。分散染料印花的水洗工艺为：

第一格冷水洗→第二格温水洗(60~70℃)→第三、第四格还原清洗(85~90℃，保险粉 2 g/L,32.5%烧碱 2mL/L)→第五格热水洗(60~70℃，防沾色清洗剂 A-507 无泡皂洗粉 1~3g/L)→第六格热水洗(80~90℃)→第七格热水洗(60℃)→第八格水洗(40℃)→烘干

大多数情况下，分散染料经过还原清洗后不需要再进行皂洗。

2. 按工艺要求选择合适的助剂

(1) 洗涤助剂的选择：染料印花后的水洗工艺中，使用的助剂有

印染洗涤工

皂洗剂、螯合分散剂、防沾污剂、固色剂、氧化剂、还原剂、酸剂和碱剂。水洗用助剂的分类如下。

助剂的分类
- 阴离子型
  - 羧酸盐类
    - 脂肪羧酸盐：肥皂，R—COONa，洗涤剂
    - 烷基酰胺羧酸盐：洗涤剂，雷米邦 A
    - 烷基醚羧酸盐：$R(OCH_2)_nOCH_2COONa$，洗涤、分散、渗透剂
  - 硫酸酯盐
    - 脂肪醇硫酸盐：$ROSO_3^- M^+$，润湿、洗涤剂
    - 仲烷基硫酸盐：$R_1C(R_2)HOSO_3Na$，洗涤、润湿、分散剂
    - 脂肪醇醚硫酸盐：$RO(CH_2CH_2O)_nSO_3Na$，洗涤剂
  - 磺酸盐类
    - 烷基磺酸钠：$R—SO_3Na$，净洗剂 AS
    - 烷基苯磺酸钠：$R—C_6H_4—SO_3Na$，洗涤剂
    - 烷基钠磺酸盐：$C_{10}H_5(C_4H_9)_2SO_3Na$，拉开粉
    - 烷基磺酸盐的甲醛缩合物：$C_{10}H_6—CH_2—(SO_3Na)$，NNO
    - 磺酸盐：胰加漂 T，渗透剂 T
  - 磷酸酯盐类：高温高压煮练剂
- 非离子型：聚乙二醇型
  - 脂肪醇聚氧乙烯醚：$R—(OC_2H_4)_n—OH$，洗涤、匀染、乳化、剥色剂
  - 烷基酚聚氧乙烯醚（非降解）：$C_nH_{2n+1}—C_6H_4—O(C_2H_4O)_mH$，乳化、匀染、分散、洗涤剂
  - 聚氧乙烯脂肪酰胺：$RCONH—(C_2H_4O)_n—(C_2H_4O)_mH$，净洗剂
- 阳离子型
  - 烷基铵盐：烷基铵盐大多数作为抗静电剂、固色剂、柔软剂
  - 杂环型：柔软剂、固色剂、杀菌剂、防水剂

以上的烷基酚聚氧乙烯醚类为 APEO 所禁止使用的,这需要引起注意。

①皂洗剂:可按洗涤剂的化学原料来源、性能、外观形态、生物降解能力和用途等进行分类。按洗涤剂的原料来源分为肥皂和合成洗涤剂。肥皂是由天然油脂和碱合成的。合成洗涤剂来源于石油化工原料;按洗涤剂的化学性质可分为阴离子型、阳离子型和非离子型洗涤剂,常用的是阴离子型和非离子型洗涤剂;按洗涤剂的外观形态分为固体洗涤剂和液体洗涤剂;按洗涤剂的生物降解性能分为可降解洗涤剂和不可降解洗涤剂。最常用的是阴离子洗涤剂和阴/非离子结构的洗涤剂,合成洗涤剂是主要趋势。全能皂洗剂 721-100 有利于活性染料的洗涤,低泡,并具有极强的螯合、分散、洗涤和防沾色性能。同时洗涤剂的成分中往往加入对染料具有螯合功能的螯合分散剂,完善洗涤剂的功能。

几乎所有的染料都需要皂洗剂,对皂洗剂的选择条件,需要考虑到皂洗剂对染料的清洗程度,对掉落在洗液中的残余染料的螯合和分散能力,对糊料的洗涤能力,以及对织物不损伤和对染料发色没有影响,使染料色光艳丽,色牢度优良。因此,各种染料对应的皂洗剂也会有所差异。

②防沾色剂:防沾色剂能包裹溶解在水里的染料,使之不再上染纤维,起到防沾色作用。

③固色剂:直接染料、酸性染料、阳离子染料都需要固色剂加以固着,目前随着消费要求的提高,活性染料使用固色剂可提高色牢度半级,也被广泛使用。以前最常用的含甲醛固色剂虽然能起到优良的固色效应,但是甲醛对于人类的危害和使用含量的限制,使其被无甲醛固色剂逐步替代。例如无醛固色剂 734-60,属于特殊结构的阳离子

聚合物，可与染料构成不溶于水的大分子化合物，并与纤维结合在一起，从而提高染色物的耐水洗及耐摩擦等各项牢度，1:9稀释后，按液体固色剂用量使用。

④氧化剂：水洗中常用的氧化剂都为弱氧化剂，常用的有双氧水和过硼酸钠，主要用于还原染料的氧化发色。简单地说，凡是能供给氧的物质都叫氧化剂。双氧水（H_2O_2）也叫过氧化氢。过硼酸钠分子式为$NaBO_2 \cdot H_2O_2 \cdot 3H_2O$，在室温水中，会慢慢水解并放出氧气。根据这个原理，过硼酸钠在水中缓慢地放出氧气，作为氧化剂和前处理漂白剂使用。但是如果溶液温度在40℃以上，则氧气逃逸较快。

⑤还原剂：水洗中常用的还原剂是保险粉，凡是能供给氢的物质都叫还原剂。保险粉又名连二亚硫酸钠，分子式$Na_2S_2O_4$。保险粉在水中水解而产生新生氢。保险粉主要用于分散染料的还原清洗，可使还原染料还原成可溶性隐色体而溶解于碱液中上染纤维。保险粉极易受潮自燃，这是在使用中必须注意的。

⑥酸剂：水洗中使用的酸剂为硫酸或冰醋酸，主要用于中和印花面料中所含的碱，中和布面的pH值。

⑦碱剂：洗涤中常用的碱剂有纯碱和烧碱。在水洗中主要用于分散染料印花的还原清洗。因为在碱性还原剂的作用下，水中的分散染料会失去上染能力而达到净洗。

（2）不同设备对洗涤助剂的选择：使用不同设备洗涤时，对洗涤助剂的要求有所区别，这在于助剂对设备的适应性。例如在连续水洗机内洗涤时，洗涤的浴比较小，洗涤剂以低泡为主，不然的话，大量的泡沫附着于布面，泡沫中的杂质污质很容易沾污到布面，不容易冲洗干净。而对于传统的绳状水洗机，由于洗涤的浴比很大，即使是高泡皂洗剂，也可以冲洗干净。以前在没有低泡皂洗剂的时候，常使用消泡剂来解决皂洗剂的泡沫问题。所以从质量管理的角度来看,目前的低泡皂洗剂更适合水洗工艺的进行。

二、相关知识

1. 洗涤工艺参数和产品质量的关系

洗涤的工艺参数包括水洗流程、每槽的温度、停留的时间和水洗的助剂,水洗的主要目的是洗去织物上的浆料、助剂和染料的浮色,保持白地洁白,色彩艳丽,各种色牢度指标达到应有的标准。因为在水洗时不少染料需要在高温下皂洗,在高温下能方便地洗去织物上的浮色和水解染料,但是在洗浴中已经水解的染料有可能再一次染到织物上面,形成沾色。对于还原染料印花的水洗来说,如果氧化不够充分,则会直接影响到染料的发色效果,影响到印花色光的正确性。而对于直接染料、酸性染料,在水洗过程中还需要固色,那么在固色时的固色剂用量、固色时间、固色温度显得尤为重要,不然会适得其反。在水洗时由于水洗缸的表面不平,会造成织物拉丝破裂等。也有的时候在洗涤人造棉、人造丝、真丝、针织物等织物时,在坯布处于绳状水洗时,如果互相缠住则会造成织物拖伤、拖破。另外弹性织物或针织物在水洗时由于张力太大,会造成织物的缩水率无法恢复,影响了织物的服用性能。因水洗而产生的疵点类型请参考第十章第二节。

2. 洗涤效果对后工序的影响

如果染料的浮色没有洗涤干净,那么经过后整理,其浮色不仅会影响色牢度,在定形柔软加工时,还会因为浮色掉落在轧槽的柔软剂中,而造成织物上色;洗涤后由于水洗不净,布面的 pH 值大于8,影响到后整理柔软定形时轧槽的 pH 值,因为大多数柔软剂在 pH = 5.5 ~ 6.5 稳定,布面过高的 pH 值进入轧槽,会提高轧槽中液体的 pH 值,这就会使部分柔软剂析出,造成所谓的漂油,直接影响后加工对工艺的控制。对于拔染印花,如果水洗不净,那么由于织物处于湿挤压状态,会造成花型部分搭色。对于经向弹性织物,在水洗时如果张力过大造成织物经向拉力过度,在定形时则难以回复。这些不仅给定形造成困难,更重要的是使定形后的最终产品成为疵品,或者需要回修而增加不必要的成本。

3. 洗涤助剂的应用知识

洗涤助剂是表面活性剂的一种类型,用于洗涤的表面活性剂在洗涤时有三种作用。第一是润湿作用,第二是乳化作用,第三是洗涤作用。润湿能使纤维表面很好地被液体覆盖,称为该液体对固体的润湿,如图9-1所示。

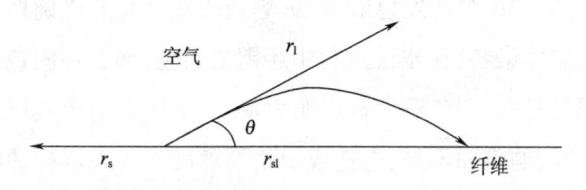

图9-1 液体对织物的润湿状态

其中 r_1 为液滴的表面张力,r_s 为纤维的表面张力,r_{sl} 为纤维与液滴的界面张力。当 $\theta=0$ 时,液体的润湿功能最大,当 $\theta=90°$ 时,液体在布面呈圆形球状,纤维没有被润湿。所以,织物在水洗时,在水中加入润湿剂,会加快织物的润湿和渗透到纤维内部的速率。表面活性剂的第二个功能是乳化,两种互不相溶的液体,其中一种以极细的液滴均匀地分散在另一种液体中称为乳化。乳化在印染加工中主要用于前处理或印花后的水洗,乳化剂在水中可以包裹油脂、杂质等,不再重新沾污织物。洗涤作用使污物和纤维的界面为洗液和纤维的界面所代替,同时使分离下来的污垢很好地分散在洗涤液中,不再沾附到纤维上,达到洗涤的目的。以上所知,洗涤过程开始时,表面活性剂的分子或离子在污垢和洗涤剂溶液的界面上产生吸附,降低了污垢的表面张力,从而使污垢润湿;接着污垢和纤维的接触面缩小,污垢形成微粒;此时若在水中有足够的机械作用(振荡、搓擦、喷淋)会使污物很容易脱落。洗涤助剂洗去污物的三阶段机理可以通过图9-2来说明。

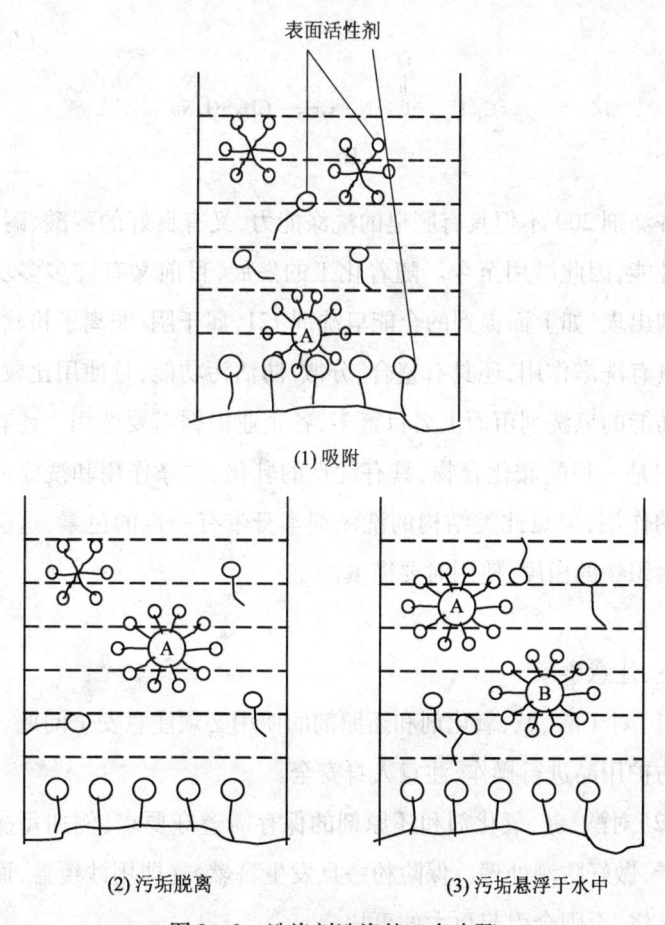

(1) 吸附

(2) 污垢脱离　　　　　　　　(3) 污垢悬浮于水中

图9-2　洗涤剂洗涤的三个步骤

常用的洗涤助剂从早期的肥皂发展到现在的合成表面活性剂,品种很多。肥皂的分子结构多为长链脂肪酸钠盐,可表示为 R—COONa、R $=C_{15}H_{35}$ 或 $C_{17}H_{37}$。但是由于肥皂在硬水中不太稳定,能和钙、镁离子产生沉淀,故而后来又出现了洗涤剂 209(胰加漂 T),它是磺酰胺类洗涤剂,由于具有亲水性基—SO_3Na,水溶性良好,其分子结构为:

$$C_{17}H_{33}-\underset{\underset{CH_3}{|}}{C(=O)}-N-CH_2-CH_2SO_3Na$$

洗涤剂 209 不但具有肥皂的洗涤能力,又有良好的耐酸、耐碱、耐硬水性能,因此沿用至今。随着化工的发展,目前又有许多多功能的洗涤剂出现,如上面提到的全能皂洗剂 721,属于阴/非离子粉状结构,不仅具有洗涤作用,还具有螯合、分散、防沾污功能,且使用比较方便。类似功能的皂洗剂市面上名目繁多,各企业根据需要选用。还有一类洗涤剂是一种酰胺化合物,具有优良的乳化、洗涤作用和洗涤后手感柔软的作用,但是此类结构的洗涤剂本身带有一定的色素,这会影响洗涤后织物的白度,使用时要谨慎。

三、注意事项

(1)对于酸、碱、氧化剂和还原剂的使用必须注意安全问题。必须戴好防护用品进行操作,注意人身安全。

(2)对酸、碱、氧化剂和还原剂的保存需遵守要求,例如每次使用后盖严,做好防潮处理。保险粉一旦发生自燃,立即用沙覆盖,而不能使用水浇,否则会引起更大的事故。

思考题

1. 棉织物有哪些常用组织规格?
2. 如何根据印花布选择洗涤工艺,举例2~3个。
3. 如何根据工艺要求合理选择助剂,举例说明。
4. 洗涤剂的洗涤原理是什么?

第十章 洗涤操作

第一节 运行控制

学习目标：了解洗涤设备的工作原理和保养知识，熟练掌握洗涤设备的运行控制和洗涤工艺参数的控制。

一、操作技能

1. 水洗机的操作

（1）操作电器柜：各种皂洗机的电气设备配置大同小异，电器柜是皂洗机的中央控制器，内设电源主开关、变频器、控制变压器、保险装置等。控制整机的开机、关机、运转速度和操作参数。首先，检查整机安全，检查设备和安全装置正常，然后开启总电源。启动设备时必须先打铃后开车，做到全机前后呼应。每槽的温控器按工艺要求设定温度，穿引头布时车速要慢，头布要先检查完好，防止中间断头。开机时检查烘筒，打开排汽阀，放掉冷凝水，10~15min后再打开蒸汽阀，蒸汽压力控制在允许范围内，打开疏水器。

（2）平幅皂洗机操作：每槽按工艺要求设定温度，放好水到标准水位，在温控器上设置好各槽所需要的温度，绳状槽调节85℃以下时循环水大分管阀关，85℃以上时开一半，调节循环水的冲力大小，不使织物打结。配好续加助剂，设定自动加液泵加液数据。温度升到后慢慢开启车速调节开关使设备进入慢运转状态，开始进布，控制好进布速度。引头布走完后,洗涤的布进槽后开始加头缸料。打开续加助剂开关,并记录加液量、水量和加液时间。水洗时开启回用水开关,记录总用水量。遇到织物打结,迅速停车处理。

(3)各槽的温度控制:根据工艺要求,首先检查各槽的清洁状况,然后放水至需要的高度,设置好温度控制器,开启蒸汽阀门,升温到后调小蒸汽阀门到保温状态。

(4)调节蒸汽压力:升温后根据各槽的保温需要,把进汽压力适当调小,满足维持工艺要求的蒸汽供应量,不使蒸汽溢出水面。

2.控制洗涤剂浓度

在皂洗过程中,洗涤剂的浓度是保证洗涤效果的重要条件。印花织物上的浆料、未反应的染料、浮色和助剂,基本上都是可溶性物质,可以通过酸、碱中和的办法或还原清洗和皂洗的办法予以解决,在还原清洗和皂洗时洗涤剂的作用很重要。一般选用具有洗涤和螯合双重功能的全能洗涤剂较好,如高浓全能皂洗剂721。对洗涤剂浓度的控制尤为重要,少了洗不干净,太多了浪费,还会造成后水洗去除皂洗剂的麻烦。洗涤浓度的控制根据设备形态分为人工控制和自动控制两类。人工控制是定时追加助剂;自动控制是预先设定加液量,然后只要保证加液槽内的洗涤剂不脱节即可。

(1)人工追加控制:人工追加洗液最容易造成加液时间的错误或加液量的差异,因此,须实行专人加料,加液量要以量器具作为标准并记录加液量和加液时间。

(2)自动加液系统控制和检查:对于配有自动加液系统的水槽,首先要检查洗液不间断,还要定时记录洗液滴加的数量,保证加液系统运转正常。

3. 控制运行过程中的各洗涤工艺参数

（1）各洗涤槽工艺实施的稳定性：洗涤工艺的稳定性决定了洗涤后织物质量的稳定性。工艺三要素包括温度、时间和助剂，例如活性染料的皂洗温度为 85~90℃，而酸性染料的洗涤温度只有 50℃。酸性染料印花水洗时，过高的温度会使已经上染织物纤维的染料重新掉色，而且溶解在水中的染料还会重新沾上纤维，造成次品。而活性染料在 50℃ 皂洗，则不能除尽浮色，造成各种色牢度指标的超标。同样，洗涤时间太短，达不到洗涤的要求，太长，造成不必要的损失。助剂的选择更是要对号入座，以达到洗涤的预期效果。这就是说在洗涤过程中，每个洗涤槽的这三个要素都必须恒定。时间的控制在于控制车速的稳定；温度由温度计或屏幕显示，但是为了防止温度计损坏或电脑失灵，还需要用定温温度计抽样检测其准确性；而洗涤助剂的加入量，无论是人工追加还是自动加液，都需要定时计算助剂的使用量是否合理。因此，水洗机进入正常运行后，还需不间断地对全机进行巡视，对洗涤槽的温度、水位、加液系统、蒸汽压力等随时检查，发现问题及时纠正，以保证水洗质量的稳定。

（2）洗涤后面料的色泽、牢度控制：洗涤的目的就是为了洗去印花后没有被固着的染料、助剂和糊料，使织物的色泽鲜艳，手感柔软，色牢度优良。所以鉴定洗涤质量的标准就是对洗涤后织物的色光和色牢度的控制状态。经常观察洗涤后印花织物的颜色鲜艳度和色光的正确性，检查白度和色牢度是很有必要的。色牢度的检测需定时取样送试验室测试，洗涤时等第二匹织物洗后立即取样核对色光，同时送试验室测试，主要是干湿摩擦牢度的测试，速度比较快，以判断洗涤的基本质量和继续生产的判定。如果在抽样检测时发现色牢度没有达到预定的要求，那么就需要快速寻找原因，检查皂洗剂是否换桶，加料是否正常,每槽的温度波动情况,检查车速的稳定性等,予以解决。同时对已经洗涤的织物全部抽样,对没有达到洗涤标准的织物进行回修。

二、相关知识

1. 洗涤效果的标准

印花织物洗涤效果的标准,以试验室测试为准。洗涤测试标准的指标包括各种色牢度指标和干湿摩擦牢度指标,如耐摩擦色牢度、耐水洗色牢度、耐汗渍色牢度和耐刷洗色牢度等。可以参照的标准是 GB 3290 纺织品耐摩擦色牢度试验方法、GB 3921 纺织品耐洗色牢度试验方法、GB 3922 纺织品耐汗渍色牢度试验方法、GB/T 420 纺织品耐刷洗色牢度试验方法。由于产品的最终使用方式不同而需要不同的标准,常规产品的耐干湿摩擦牢度都需在三级以上,其他指标在四级以上。还有几种染料水洗后的色牢度必须高于成品要求的色牢度半级以上,那是因为在后整理的烘干柔软中,受到柔软剂的作用和湿热作用,染料会产生位移,向织物表面移动,致使某种牢度,特别是耐摩擦牢度下降。

2. 各种洗涤设备

洗涤设备大同小异,基本上都是由一些单元机组合而成的,这些单元机是进出布架、浸轧装置、轧车、透风架、喷淋槽、平洗槽、加盖平洗槽、皂洗箱、显色蒸箱、还原蒸箱、皂蒸箱、长蒸箱、轧水辊、两柱烘筒等。根据不同的工艺需要,选择合适的单元机组合成水洗机。提高水洗机的洗涤途径,主要有两个方面,一是多次的物理机械作用,例如多浸多轧,应用回行穿布提高浸渍交换的时间、增加压轧、低水位、分格逆流、喷淋、刷洗、振荡等,是从机械上提高织物在水中的交换操作;二是依托化学作用,例如提高洗液的温度,加速化学反应,应用高效洗涤剂等。其中平洗槽的结构类型,槽内分格逆流、回行穿布、上导辊摆动式振荡是最为常用的平洗槽形式。图10–1为一槽内分格逆流。

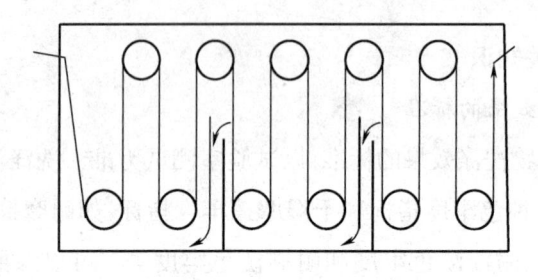

图10–1 分格逆流示意图

每只平洗槽内,每两只导辊装一道隔板,液体流动方向与织物运行方向相反,织物出口处液面高,逐格降低,洗液从隔板上面流向下面,而进入另一格,依次逐格流向织物进口处,形成与织物运行方向相反的逆流。

洗涤槽的回行穿布如图10–2所示。回形穿布是充分利用平洗槽的空间来增加槽内的穿布长度,延长洗涤时间,提高洗涤效率。

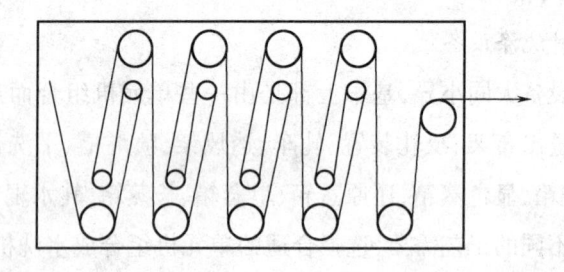

图10–2 回形穿布示意图

第三种是导辊摆动式振荡平洗槽,采用异步电动机带动偏心轮连杆,使每只平洗槽上导辊活络座架左右规律地往复运动,使运行的织物在洗液中重复运动,吸附在织物上的污物能及时脱落的摆动频率为120~150次/min,这对洗涤酸、碱、色酚及活性染料具有良好的效果。上导辊摆动振荡平洗机如图10-3所示。

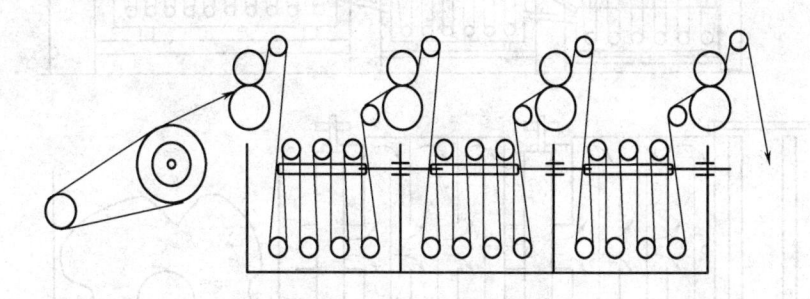

图10-3　上导辊摆动振荡平洗机

第四种是低水位逐格逆流四角辊振荡,顶部加盖的高效平洗槽,洗涤液从出布槽的高液面流向进布槽方向的低液面,在每只平洗槽内又用隔板隔开,洗液从最后一小格的底部中间通道流向倒数第二小格的底部左右两边通道,再流向倒数第三小格如图10-4所示。

平幅水洗机(图3-1)水洗的工艺流程为:

进布电动(气动)吸边器→第一格冷水洗(可适量加些化学药剂,使布上的浆料膨化)→第二格冷水洗强力喷淋(冲走布面上的浮色)→蒸洗箱(上五辊下六辊浸没在水中,水面高为一半水箱的高度)→强力转鼓喷洗箱(上面三个转鼓水由外向内喷在布面上,下面两个转鼓浸没在洗涤液中,设有循环过滤器,水能循环喷淋)→蒸洗箱(上五辊下六辊浸没在水中)→重轧辊→液下皂煮箱(布松式浸没在洗涤液中)→吸边对中装置→大蒸洗箱(上五辊下六辊浸没在水中)→蒸洗箱(上五辊下六辊浸没在水中)→蒸洗箱(上五辊下六辊浸没在水中)→蒸洗箱

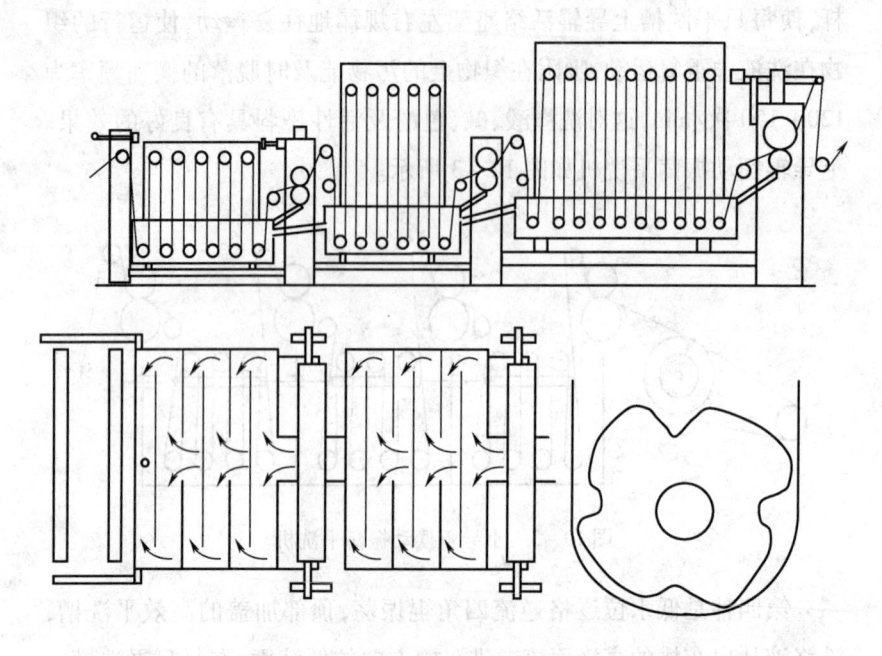

图 10-4　低水位逐格逆流四角辊振荡,顶部加盖的高效平洗槽

(上五辊下六辊浸没在水中)→重轧车(78400N)→两柱烘筒(设有半球阀疏水器,疏水器产生的冷凝水,可直接流到最后一个蒸洗箱中)

　　全机的材质,水洗箱为不锈钢体,轧车机架为铸件,其他均为型钢。每个洗槽内配有进水、进汽和排水阀门,烘筒配有进汽压力表和温度计,全机为交流变频传动,运行车速 40~70m/min。进布控制为电动吸边器、对中装置,水箱加盖,侧面有探视窗,可观察内部运行情况,小轧辊压力 29400N 可调,进轧点前设有弯辊扩幅和喷淋管。

　　其中 MHX905 高效蒸洗箱容布量 15m,顶部开门,左右大钢化玻璃门,可作为观察窗。箱体侧面设有温度表,表面与地平面呈 45°,便于观察。箱体端板采用 3mm 厚的不锈钢板。导辊直径 150mm,壁厚

4mm，上五下六结构。箱体内设置蛇形回流，并逐格倒流，分格水洗，前后倒流高度差60mm。内设直接蒸汽加热管，均匀加热，降低噪声。内置张力架，缩短了织物在空气中的滞留时间。内部设置倒流槽和溢流口，大锥度提拉式放水。环形橡胶密封条采用耐高温、密封好、耐酸碱腐蚀的硅橡胶。

大蒸洗箱导布辊为上九下十，容布量25m，异步电动机多点分散共源变频伺服传动，材质同MHX905蒸洗箱。

平洗槽导布辊上四下五，容布量10m。箱体侧面设有温度表，表面与地平面呈45°，便于观察。吃料槽内设间接蒸汽加热管，均匀加热。设置倒流槽和溢流口，大锥度提拉式放水。

小轧车采用斜拉式结构，铸铁机架；主动钢辊在下，被动胶辊上置。橡胶辊包覆丁腈橡胶。内部有不锈钢喷淋管及淌水板。轧辊两端装有挡水圈，防止轧液进入轴承而损坏。不锈钢气动控制箱，配置调压阀、压力表、换向阀等，压力29400N可调。

烘筒烘燥机含两组或三组10辊筒烘筒，每柱2套张紧装置，烘筒为不锈钢材质。顶部采用不锈钢制作的封闭罩，设有回形加热盘管，加热防滴水，由轴流风机排风。皮带传动，外带安全防护罩。采用气缸式松紧架，织物的张力可通过调节气压来进行调节。烘筒两侧设有走台，便于操作与维护。烘筒采用半浮球背压式疏水器，单柱集中疏水，其冷凝水可全部回用。

电柜箱、操作台全部为标准喷塑柜壳，为前开门，带门控照明和过滤通风风扇。内设电源主开关、变频器、控制变压器、保险装置等。采用变频调速。配置有12.7cm（5英寸）双面数显工艺车速显示屏。信号同步由PLC模块4DA输出至各单元角度传感器，再送至各变频器信号输入端进行控制，同步性能好。机台设有人机交互界面，可随机下载或修改工艺参数,实现企业电脑系统化管理。

LMH636 高效平幅皂洗机由进出布架、浸轧装置、6 台小轧车、两组透风架和喷淋槽、四格平洗槽(连小轧车)、皂蒸箱、三格低位平洗槽(连小轧车)、高效轧车、三辊松紧架和两柱烘筒组成。该水洗设备适合纯棉、化纤和混纺织物印花后的平幅皂洗,根据皂洗时间的长短其车速 18～75m/min 可调。具体机械结构和穿布路线如图 10－5 所示。

LMH631 平幅皂洗机由进出布架、两辊立式轧车、透风架、显色蒸箱、喷淋槽、透风架、三格平洗槽、两格加盖平洗槽、皂蒸箱、两格加盖平洗槽、一格平洗槽、轧车、四辊整纬装置和两柱烘筒组成。因为配有显色蒸箱,所以主要用于纯棉、化纤和混纺织物印花后需要显色的水洗工艺。具体机械结构和穿布路线如图 10－6 所示。

还有一种常用的皂洗机是 LMH643 平幅皂洗机,由进出布架、两辊均匀轧车、还原蒸箱、四格不锈钢平洗槽、透风架、一格加盖平洗槽、皂蒸箱、小轧车、长蒸箱、小轧车、一格加盖平洗槽、小轧车、普通平洗槽、中小辊轧车和两柱烘筒组成。因为配有还原蒸箱,可以用于棉、涤/棉织物染色及印花后处理,使染料显色和水洗。具体机械结构和穿布路线如图 10－7 所示。

用于人造棉类印花的皂洗机的机构如下:进布架、两格平幅喷淋槽、两格平幅振荡水洗槽、四格平幅水洗槽、大不锈钢水槽(过渡槽)、五个绳状机串联、吸水装置、开幅机和落布架。

传统的平幅皂洗机,适合于机织布皂洗,在水洗过程中织物受到很大的张力,这对于针织物是完全不适合的。所以,针织布的水洗,刚开始时是在传统的染色单元机中进行的,如图 10－8 所示。

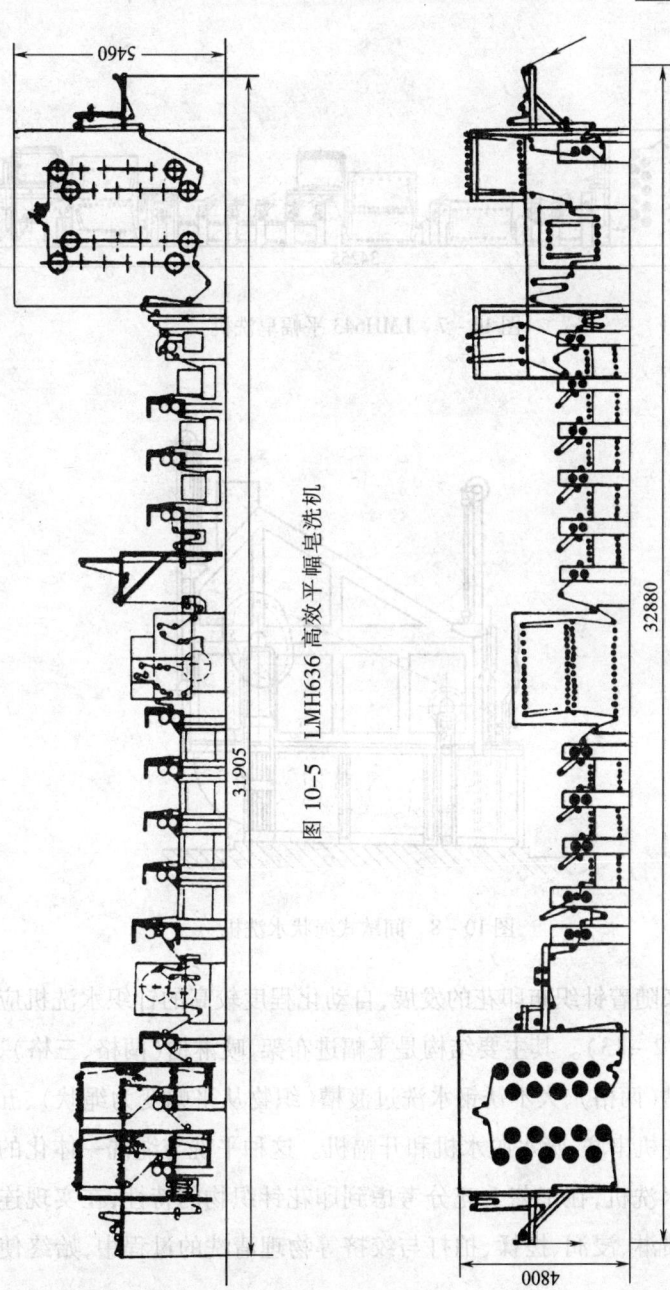

图 10–5　LMH636 高效平幅皂洗机

图 10–6　LMH631 平幅皂洗机

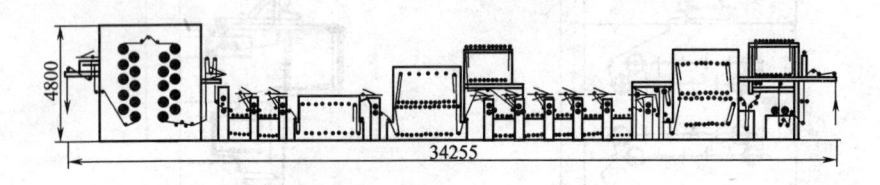

图10-7　LMH643平幅皂洗机

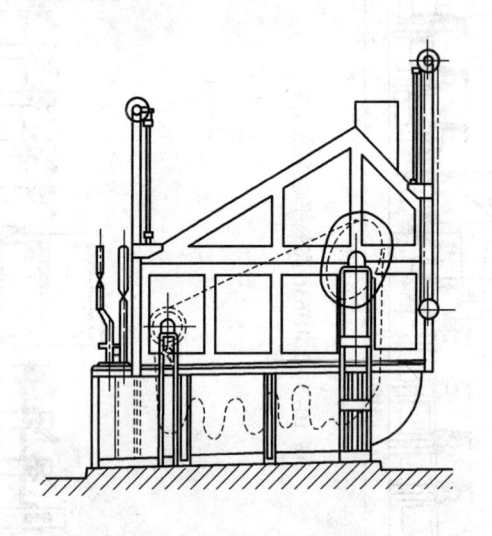

图10-8　间歇式绳状水洗机

后来随着针织布印花的发展,自动化程度较高的针织水洗机应运而生(图2-13)。其主要结构是平幅进布架、喷淋槽(两格、三格)、振荡水洗槽(两格)、大不锈钢水洗过渡槽(织物从平幅变为绳状)、五个绳状水洗机串联、吸水脱水机和开幅机。这种平洗与绳洗一体化的绳状连续水洗机,在工艺上充分考虑到印花针织物的特性,在实现连续水洗的喷淋、浸润、搓揉、拍打与绞挤等物理清洗的过程中,始终使针织物在比较蓬松的绳状状态下运行,实现了水洗和加料过程的完全连续化、自动化。

织物平幅进入平幅振荡水洗槽,经自动喷淋、均匀地润湿和冲洗掉布面的浆料、浮色和多余的助剂,可有效地防止搭色、沾色。然后在膨润槽中浸泡,经导布压辊挤压脱水后以蓬松的绳状状态进入绳状水洗槽。在绳状水洗槽中,绳状织物在洗涤助剂和较高水温的作用下,在连续的皂洗退浆、水洗和固色过程中,不断地被喷淋、搓揉、拍打和绞挤,将织物上的浆料、未反应的染料、助剂完全清洗干净,根据需要最后可用固色剂固色,使染料牢固地与纤维结合。最后经真空脱水装置脱水、退捻扩幅装置与平幅落布装置落布装车,完成水洗工序。

还有一些单一平幅或者绳状的针织水洗机,例如 LMH204 平幅针织印花后水洗机(图 10-9)和 LMH99E4 针织绳状印花后水洗机(图 10-10)。这两类水洗机也都属于松式针织水洗机。

随着针织行业的飞速发展,江苏福达印染机械有限公司又开发了新一代针织平幅水洗联合机,对防卷边、低张力、合理的循环水使用进行了严格的设计,做到了高浓度排放,达到"清洁生产,节能减排",实现每吨布用水量 8~12t,用汽量 0.7t,用电量 100W 的节能减排水洗设备,见图 10-11。

针织印花织物的基本水洗工艺流程为:

平幅进布→浸渍槽(浸泡 5~8min)→预洗槽(室温水—皂洗或热洗—热水洗)→皂洗(85~90℃,8~15min)→水洗(80℃—60℃—室温水)→轧水出布

浸渍槽通过四角辊将织物较为平整地折幅在网带上,四角轮上方设有喷淋管,织物在堆置的同时,能够获得充分的水洗。喷淋润湿时,

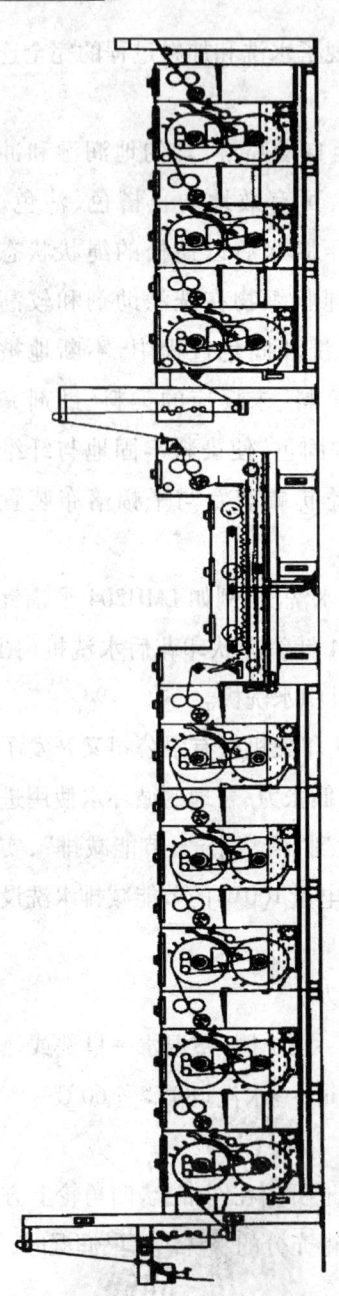

图 10-9　I.MH204 平幅针织印花后水洗机

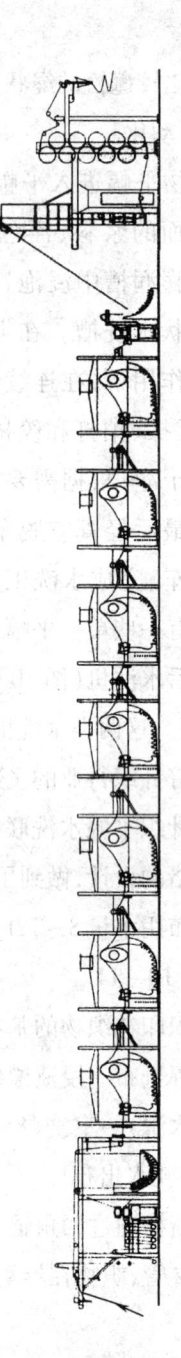

图 10-10　LMH99E4 针织绳状印花后水洗机

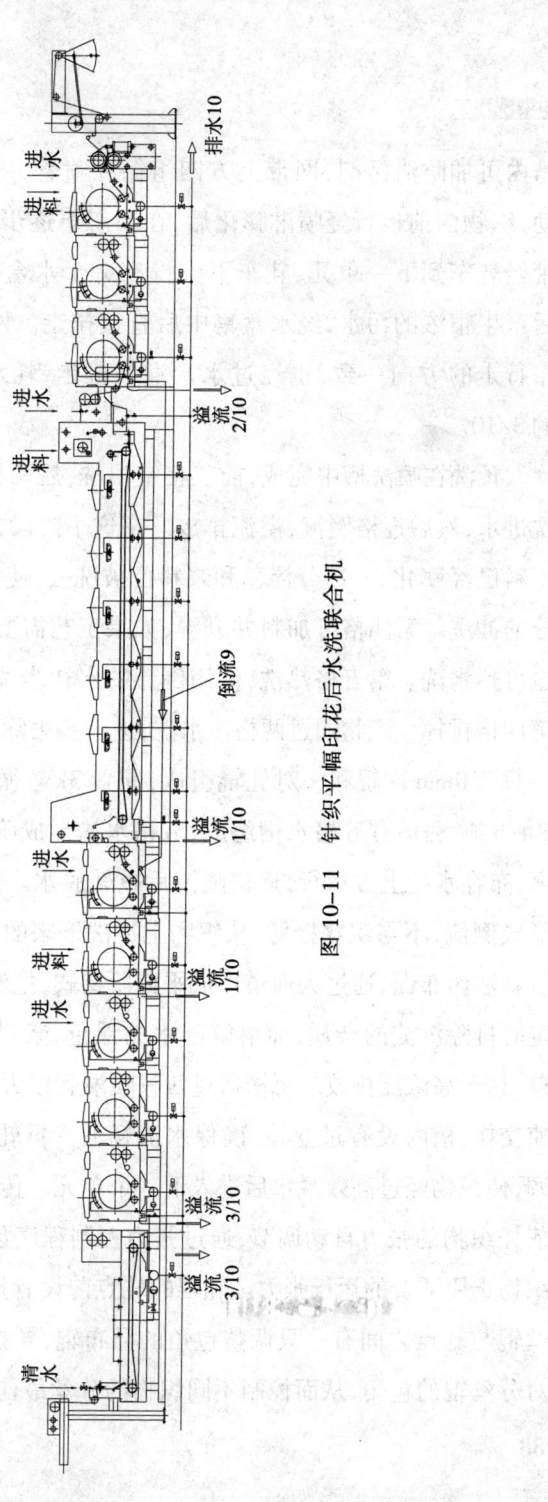

图 10-11 针织平幅印花后水洗联合机

槽内可加防沾污剂,网带上方四组循环喷管,用循环泵使水产生流动,织物向前运行经喷淋膨化后,在动态下逐步得到交换,织物出网带经轧车到下一单元,轧车下方设有一个水盒,膨化后的布经重轧后产生很浓的污水,经水盒集中后直接排走。网带箱的水的走向和布行走的方向一致,也经过水盒溢流排走,耗水量是整个水洗过程的3/10。

预洗在喷洗槽中完成,前三格室温洗,后两格热洗。第三格室温洗进水,然后逐格倒流,溢流排放。在这个阶段,经过浸泡,织物上的浆料已经膨化,一部分浮色和浆料已被洗去,使浸渍后的织物得到充分的冲洗。第四格可加料并升温,如果工艺需要可进行第一次皂洗,也可热水洗。第五格热洗,使用倒流的水初步洗一下,然后倒流水到第四格排掉。织物通过两格热水洗,进一步去除浮色和浆料。喷洗由一只750mm网辊和一对轧辊组成,配置3kW循环泵一个,循环量为60t/h,喷洗槽有五格水槽组成,五格水槽形成阶梯式,洗布时布液分离,布在水的上方运行,逐格喷淋后重轧脱水。水在下方槽内大通道形成倒流,不与织物接触,从织物上冲洗下来的泡沫和浆料助剂不会重新沾污布面,通过大通道形成平面阶梯式,把泡沫排除,气动放液阀定时排除沉淀的杂质,而溶解于水的浮色、浆料、助剂等倒流到排水口,达到高浓度排放。每槽通过四只喷淋管以大流量的循环水进行快速交换,槽内设有过滤箱,确保水流畅通。重轧车的压力19600N可调,使织物经过高效脱水后进入下一个单元。传动电动机的同步系统依托织物的张力自动调节,通过张力控制程序预设张力,确保不同的织物选用适合的运行张力。轧辊的轧点前设有扩幅防卷边分丝辊,分丝辊与轧点之间有一只调整包角的导布辊,导布辊可升降,以调整布对分丝辊的包角,从而控制不同织物的分丝最佳效果,这个喷洗过程,耗水量占整个水洗过程的2/5。

皂洗箱由8m长的网带传送织物,堆置织物可达600m容布量。织物经过一只四角辊的传动,整齐地堆置在网带上,随着网带向前运行,织物需经过六道瀑布式水帘冲淋,每道冲淋独立循环,六格水槽阶梯式排列,循环泵流量30t/h,瀑布式水帘可使织物和皂洗液得到充分的交换。皂洗箱在出布处进料进水,各水槽形成倒流,使皂液清污分开,最后在进布处溢流。织物在皂洗过程中,始终向比较干净的皂液的方向运行,皂洗的泡沫形成平面朝着倒流方向流去,而且不会形成二次沾污,沉淀物由放液阀定时排放。织物皂洗后出网带时,设有布量控制器,自动控制出布速度。自动对中装置确保织物的正常运行,同时还起到扩幅作用,皂洗过程的用水量占整个水洗用水量的1/10。

水洗的设备与预洗单元相同。水洗槽在出布处进水,三格倒流后,再倒流到前面的预洗箱,部分泡沫直接溢流排放。进料时可以加柔软剂或固色剂。水洗槽为阶梯式,通过高度差,将后一道洗液倒流至预洗的最后一个单元,然后排掉。从皂洗槽出来的织物带有一定的皂液和温度,第一槽具有比较高的皂液含量和温度,这是很好的水洗液,织物进入水洗槽后,经过热水、温水和室温水三道水洗,最后通过98000N轧车轧液出布,用水量占1/5左右。全机实行自动加料,管道排液,气动控制。

除上述设备外,福达印染机械有限公司根据不同的洗涤要求,设计生产了多种针织平幅印花后水洗联合机,如图10－12所示。图10－13为TMH60－220平幅转移印花后水洗机,是专门为转移印花后的水洗设计的水洗机。该机适用于棉针织物平幅转移印花后的水洗工艺,也适用于数码印花后水洗工艺。其工艺流程为:

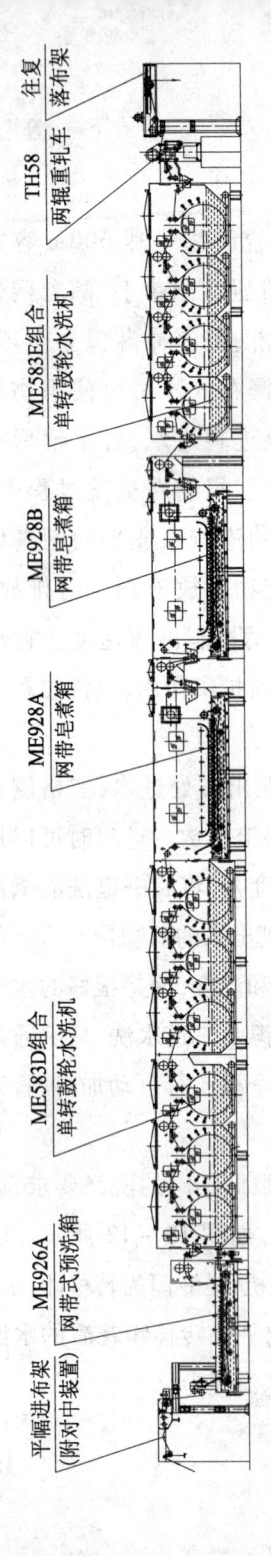

图 10-12 LMH205-200 针织平幅印花后水洗联合机

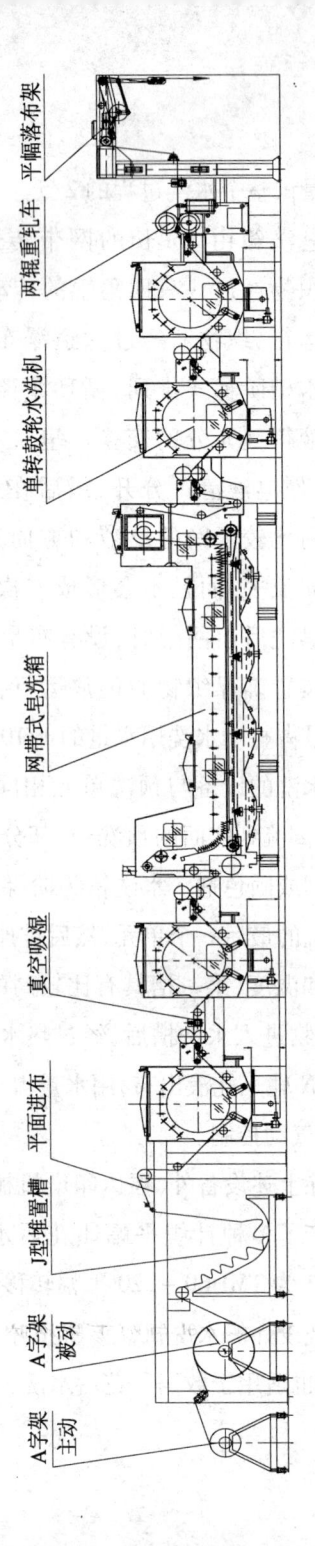

图 10-13 TMH60-220 平幅转移印花后水洗机

A字架(主动)→A字架(被动)→退卷进布→J型堆置→平幅进布→单转鼓轮水洗机→真空吸水→单转鼓轮水洗机→网带式皂洗箱→单转鼓轮水洗机(两组)→两辊重轧车(98000N)→真空吸水→平幅摆幅落布

进布系统由A字架(共两台,前一台主动,后一台被动)中心收放卷、J型堆置箱和进布架组成。通过粒面橡胶辊退卷进布。进布架通过张力架、对中装置,控制织物的布面平整和对中。

单转鼓轮水洗机由箱体、网状转鼓、直联式蜗轮减速器、多管喷淋管组成,箱内设有过滤装置,循环泵内部循环量可达60t/h。箱顶盖采用气动开启,水封结构密封,两侧窗可以窥视和打开。转轮采用外置式不锈钢轴承座,机械密封。箱内温度可达90℃,采用蒸汽管直接加热,箱内有温度显示表。放液阀气动控制。网带式皂洗箱箱体墙板材料为3mm SUS304,网带式松式堆置。上方设置四组喷淋,每组水泵单独内部循环,循环量达30t/h。箱内四水槽由后向前阶梯式倒流,温度90℃,容布量达400~600m(视克重),温度自控,配置温控表和液位计。

两辊轧车(压力29600N):箱体墙板材料为3mm SUS304,上辊直径250mm(外包覆丁氰橡胶),下辊直径220mm(外包覆不锈钢,主动);加压方式:气缸杠杆式;采用直联式蜗轮减速器,2.2kW电动机驱动。轧点前设有1只主动分丝辊,转速350rpm,变频可调。箱内设有张力传感器,控制全机张力。

出布部分由对中装置、两辊重轧车(98000N)和落布架组成。上辊直径350mm(外包覆丁氰橡胶),下辊直径350mm(外包覆丁氰橡胶,主动);加压方式:气缸杠杆式;采用摆线针轮减速箱,交流电动机双排链联轴驱动,设有喷淋、保险杆。平幅落布架由一只直径180mm

主动橡胶辊和一只直径145mm橡胶辊组成,由电动机带动传动。

呢织物比较厚,使用常规的棉布皂洗机无法清洗干净,用于呢绒洗涤的水洗机均为单机,分为平幅洗呢机和绳状洗呢机。图10-14为捣击式平幅洗呢机,图10-15为平幅洗呢机,图10-16为绳状洗呢机。

这三种洗呢设备都是间歇式洗呢机,也可将几台捣击式平幅洗呢机连接在一起,成为连续式洗呢机。图中织物按顺时针方向转动。转速分为45m/min和90m/min两种配置,输送带的转动速度为1.5~2m/min,织物被提起进入揉浸水洗槽,振动器的振动波使洗液波动冲洗织物,再经过轧辊挤压,在打布轮的作用下织物折叠进入缩呢箱,然后落在传送带上,徐徐向前浸洗。皂洗时需要不断地换水,进行洗涤。

第二种平幅洗呢机(图10-15)在结构上比较简单,与传统的绳状水洗机类似,但是洗呢需要平幅展开进行,几匹布的布头布尾连接在一起,同时在洗涤过程中织物不断地经过三辊轧车挤压,反复轧洗。每次轧洗后必须换水进入下一个水洗阶段。全机电动机传动,依托轧点带动呢匹运转。

第三种洗呢机是绳状洗呢机(图10-16),前面装有分隔框,可以几匹织物同时进入,匹与匹之间用分隔框分开。织物经导呢辊落入洗槽后,松式折叠前进,通过导布辊提升织物进入轧辊挤压,然后再经过导呢辊落入洗槽中,如此循环水洗。污水斗的水可以回流使用,也可以直接排放,根据需要操作,在喷淋水洗时可以直接排放,再有助剂加入槽内皂洗时进行回用,保证洗液的助剂量恒定。全机电动机传动轧辊,通过轧点的力带动织物传动。

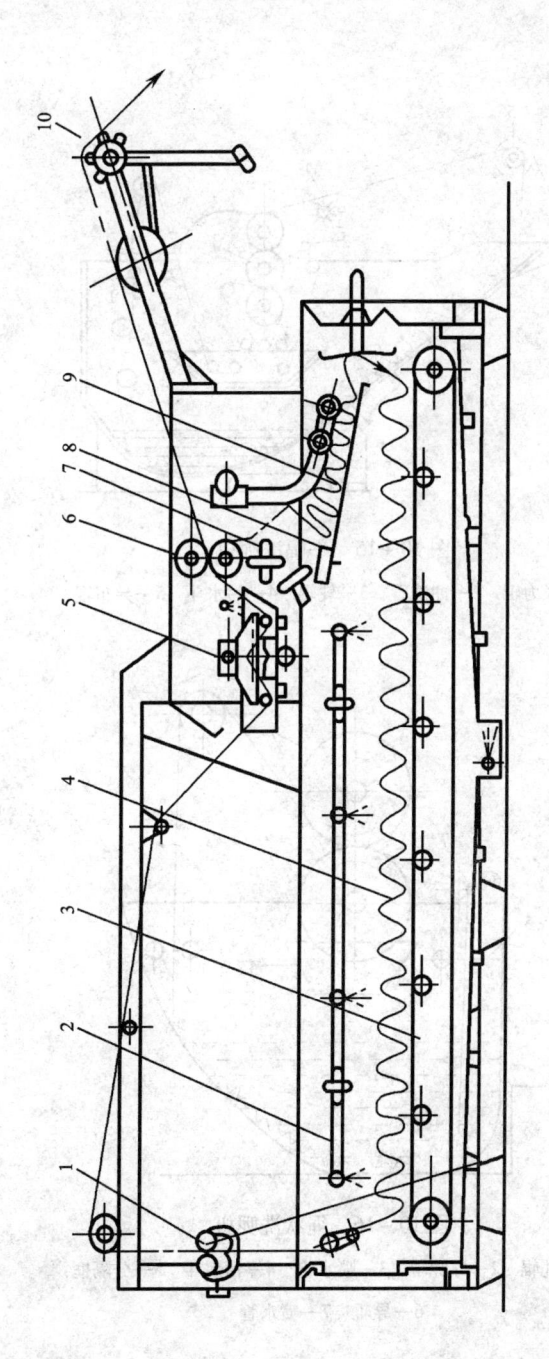

图 10-14 捣击式平幅洗呢机

1—展幅装置 2—冲洗管 3—输送带 4—织物 5—揉浸洗涤槽 6—轧辊
7—打布轮 8—水平捣击器 9—缩呢箱 10—落布装置

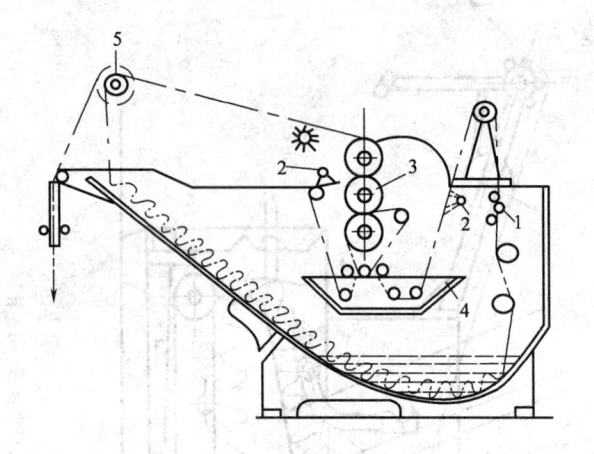

图 10-15 平幅洗呢机

1—张力辊 2—冲洗管 3—轧辊 4—污水斗 5—导布辊

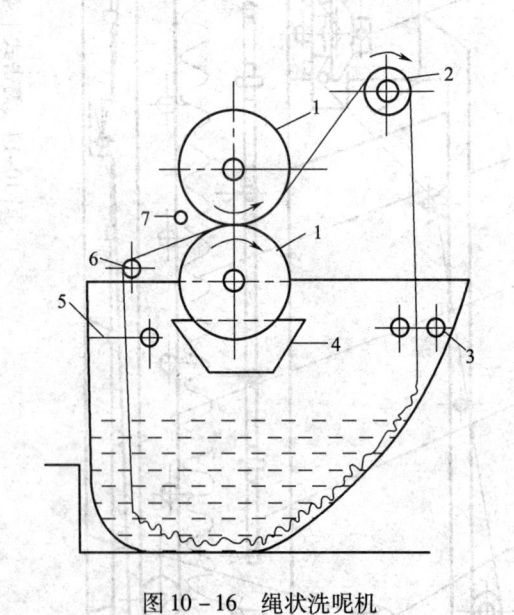

图 10-16 绳状洗呢机

1—轧辊 2—导呢辊 3—喷水管 4—污水斗 5—分隔框
6—导辊 7—喷水管

三、注意事项

（1）在印花布水洗运行时，必须随时检查工艺上车率，检查操作工操作的正确性和规范性，检查能源的供应是否正常。使整个工艺操作在受控状态下进行。

（2）发现设备运行问题不能带病操作，必须立即采取措施予以解决。

第二节　质量检查与质量报告

学习目标：掌握洗涤质量的检查和控制，分析疵点产生的原因和克服的办法，会写书面质量分析报告。

一、操作技能

1. 洗涤质量的检查与疵点的及时纠正

（1）检查并发现洗涤过程中的疵点：在洗涤过程中必须经常巡视，洗涤过程中的疵点不太容易发现，只有打结、折皱、明显的搭色、色光不准，可以及时处理，色牢度问题则需要通过试验室测试才能知道。检查洗涤质量，主要还是检查洗涤时工艺参数的稳定性，检查每槽的温度、车速、洗涤剂加液量的准确性，检查小轧车的压力是否一致，检查织物通过每槽时是否起皱痕，检查烘干程度是否一致，检查洗涤设备运转是否正常。发现问题时必须立即检查被洗涤织物的洗涤效果是否受到影响，并及时纠正。

（2）及时纠正洗涤疵点：洗涤时发现疵点，应立即分析原因，可以在开机状态下纠正的及时纠正；需要停机纠正的，则果断地停机检查，并改正。对于洗涤色牢度没有达到标准的，则需要重新洗涤。例如发现洗涤的织物竖条起皱，那么首先要观察从哪个水洗槽出来开始有皱痕,需要检查槽内上下导辊轴颈及轴承是否损坏,检查上下导辊轴承栓是否松动,检查上下导辊是否与前后压轴平行及平整,检查蒸汽加热管喷汽孔方向是否对准织物布面等,若确定以上原因,则需要停机检修。

2. 质量分析报告

(1)书面的质量分析报告格式:表10-1为质量分析报告的一般格式。

表10-1 质量分析报告

项目		质量分析报告		编号:2010-10-001	
				日 期	2010/10/10
客户	ABC	加工内容	前处理加印花	订单数量	10000m
订单号	20100909	印花网号	RP-1479*6	疵品数量	2000m
检验日	10月09日	印花工艺	活性直印	生产组	1#圆网

疵品内容:水洗搭色

原因分析:该印花布为白地印红色花型,水洗时喷淋时间太少,皂洗时没有加白地防沾污剂,造成白色地布上沾有红色

改进/纠正措施: 1. 按工艺要求进行水洗,洗涤时注意观察,及时发现问题和解决问题 2. 补疵时专人监督,正确执行工艺	车 长:
	生产主管:
	质量主管:
以上措施责成水洗车间于 月 日前实施	总 经 理:
改进/纠正措施实施验证:	
已于 月 日形成改进/纠正文件《 》	
并验证:	
措施得到落实/需继续跟踪落实/需继续跟踪落实情况后进一步改进/纠正	
	验证人:
以上异常处理报告于 月 日存质量管理科	科 长:

(2) 质量分析报告的具体内容:根据理化测试指标和疵品类型写出质量分析报告,分析疵点产生的原因、制订改进的措施和方法。

质量分析报告的内容包括花型的客号、网号、色号、生产工艺、生产数量、出疵数量、出疵名称、生产时间、操作机台、操作人员等,然后提供疵品实样。分析出疵原因,判断是工艺不全、操作失误、设备原因、能源供应,还是管理不力、工艺没有执行等,责任落实到人。统计疵品的经济损失,需要补疵的数量,以及在下次补疵中需要注意的问题。例如拔染印花中的搭色,可能是水洗喷淋不够造成互相挤压碰撞搭色,水洗搭色还可能是还原剂用量过多或印花烘房内搭色所致。那么就要根据搭色的形态进行分析,确定是哪一个操作过程造成的疵品。然后确定造成疵品的真正原因,并在补疵中强调关键工序的操作,专人跟踪。最后在分析报告中需要规定验证时间和验证人,这份质量分析报告才算完整。

二、相关知识

1. 各类疵点的产生原因及处理方法

①沾色:水洗时在冷水冲洗时没有把大部分浮色冲洗掉,在没有添加助剂的情况下进入高温状态,以致原来已经溶解在水中的染料再次上色纤维。

②搭色:间歇式水洗机水洗后的织物没有及时烘干,长时间处于湿堆置状态造成搭色。为解决搭色,在织物进入高温水洗时,在高温水槽中必须含有皂洗剂和螯合分散剂之类的助剂,使得进入洗液中的染料在螯合分散剂的作用下不再上染纤维,水洗后的织物要立即烘干,防止湿堆置时间过长而产生搭色。

③色牢度差:造成色牢度差的原因较多,有染料本身的牢度问题,

也有蒸化工艺上色牢度和洗涤牢度的问题,这里主要就洗涤牢度进行分析。没有和纤维起反应的染料称为浮色,浮色必须去除干净,若由于水洗不净而在布面造成浮色,就会影响色牢度的测试结果,还有一些染料的水解染料,即使通过多次皂洗也很难全部去除,极少量的水解染料附着于纤维上,也会影响织物的色牢度,这就需要对这部分水解染料进行固色,使染料通过固色剂牢固地结合在纤维上,提高织物的色牢度,这也是活性染料水洗后固色能提高色牢度的原理。

④变色:有的印花织物经过水洗后变色严重,这和选用的皂洗剂或螯合分散剂的种类有很大关系,使染料(特别是活性染料)产生变色。还有的企业使用未处理的河水洗涤,结果河水中的污物对白地沾污,使颜色不鲜艳,花布上好像都蒙上了一层黄灰色。因此,水洗用水必须洁净,且选用的助剂对染料没有变色效应。也有的染料水洗后色光良好,但是经过焙烘或是柔软处理后会产生变色。这是因为每种染料都有耐高温的上限,一旦定形温度超过这一限度时,就会使染料产生变色,这需要在定形时注意,大多数这种类型的变色,只要再水洗一遍就会恢复了。然而柔软剂产生的变色,是因为柔软剂本身烘干交联后的颜色带米黄色,例如一些低档的脂肪链柔软剂和一些常规的有机硅柔软剂都会产生黄变,特别是对于留有白地或是增白地的印花影响更大,还会使原有的花型颜色变旧。所以,对于色光要求高的印花织物,无论在印花、水洗还是定形阶段所用的染化料助剂,都要进行认真的选择。

⑤破洞:长车水洗时出现破洞的概率几乎没有,但是也不能完全排除,当辊筒或不锈钢底留有污垢硬块,或是有某种金属物掉在水洗槽中,就会产生机械性磨破。这需要在洗涤前对设备进行检查和清洗。特别是对于一些长丝织物,一旦勾坏一根丝,就会引起整匹布的

脱丝,这是需要特别注意的。也有的在进行绳状水洗时,槽内堵布或是打结,长时间没有发现而拉破、拉断等,这主要发生在湿强力较低的织物上,例如人造棉布的水洗。

如果在水洗工艺中加错料或是温度、时间等工艺参数不合理,那么就会出现一系列的疵品,包括色浅、织物强力受损等。还有一些机械突发事件造成的疵品。这需要我们及时处理,尽量减少损失。

2. 洗涤岗位的质量管理

洗涤岗位是印花环节中的一个重要岗位,通过洗涤去掉的是色浆中没有反应的染料和部分水解染料、糊料以及各种助剂(还原剂、电解质、吸湿剂、酸、碱),留下的是结合在纤维上的染料,色泽艳丽纯真,色牢度优良。所以洗涤的质量管理包含已经蒸化还未洗涤的织物、洗涤中的织物和洗涤后的织物三方面的管理。对已经蒸化还未洗涤的织物,要按印花和蒸化时间顺序安排洗涤顺序,不应长时间搁置而造成搭色等情况发生;洗涤中的织物要确保洗涤的质量符合标准并保证洗涤质量的稳定性,那么首先需要按工艺要求对不同的印花方法选择对应的洗涤条件,洗涤开始时做好测试工作,确保洗涤工艺的完善,洗涤中途定时检查各槽的温度和助剂浓度、pH值等,检查各槽中水质的干净程度,发现问题及时改正。还需进行中间抽样试验,观察织物的色光是否正确,色牢度是否符合要求,同时对布面进行检查,确保没有沾色、勾丝、破洞、牢度下降等现象发生,保证水洗质量的符合和一致性。为了保证织物水洗质量和减少洗缸次数,一般从浅色洗到深色,再从深色慢慢洗到浅色,如果必须洗完深色后立即洗涤浅色花布,就要对水洗设备进行清洗,在深色布洗完后接上导布贯穿整个水洗机,然后清洗换水升温,加料进布,进行新一轮的洗涤操作。水洗后的织物大多数在水洗机后面配置烘筒烘干,少数间歇式水洗机水洗后需要脱水、烘干,那么脱水后的洗涤布必须立即送烘干机烘干,防止搁置时间过长引起搭色现象。烘干后的水洗织物还没有定形的,需要用布盖好,防止积灰的形成和屋顶水滴。水洗发生堵缸或断头,需要及时停机处理,不让事态扩大。

三、注意事项

质量分析报告要落到实处,遵循落实、检查、改进、总结、提高,跟踪验证分析报告结论的正确性。

第三节 设备的基本管理

学习目标: 熟练处理简单机械故障,熟知设备的简单维修方式,熟悉设备的验收标准。

一、操作技能

1. 处理水洗机的简单机械故障

(1) 检查传动装置:水洗设备的传动绝大多数是 PLC 控制,变频传动,配置人机操作界面。开机前需检查整机传动装置的传动是否正常,如发现异常情况,需立即报告有关人员修理后再进行生产。对于箱体内的导布辊、振荡槽等进行清洁检查,清除绕在上面的纱头杂质,使转动灵活。

(2) 处理简单的机械故障:水洗机的简单机械故障,例如进布架的松动,出布架摆布器卡住失灵,平洗槽出液口口不通,平洗小轧车轧辊上下失灵,平洗小轧车轧辊轧不干,平洗小轧车轴承发热,平洗传动齿轮有声响,平洗小轧车主动辊车速不对等,需要及时解决,才能使生产进行下去。这些机械故障的处理方法见表 10-2。

表 10-2 水洗机故障产生原因及处理方法

故障情况	产生原因及处理方法
平洗槽内织物产生有规律的皱条	1. 检查上下导辊是否弯曲 2. 检查上下导辊辊面是否凹凸不平
平洗槽内织物产生皱条	1. 检查上下导辊轴颈及轴承是否损坏 2. 检查上下导辊轴承栓是否松动 3. 检查上下导辊是否与前后压轴平行及平整 4. 检查蒸汽加热管喷气孔方向是否对准织物布面
平洗槽内织物运行跳动	1. 检查下导辊轴颈及轴承是否损坏 2. 检查织物张力是否太大,也可能前后轧车线速度有问题
平洗槽出液口口不通	清除出液口及通道垃圾
平洗小轧车轧辊上下失灵	1. 检查加压设备是否失灵 2. 检查汽阀、汽管是否失灵、损坏或堵塞,供汽是否正常
平洗小轧车轧辊轧不干	1. 检查主被动轧辊表面是否凹凸不平或呈圆锥形、橄榄形 2. 检查被动压辊表面硬度是否超过标准,橡胶层是否太薄、老化龟裂 3. 检查加压装置是否相碰而影响轧辊加压
平洗小轧车轴承发热	检查上下轧辊轴承是否损坏和断油
平洗传动齿轮有声响	1. 检查传动齿轮或减速箱齿轮是否损坏和断油 2. 检查减速箱滚动轴承是否损坏和断油 3. 检查上下轧辊轴承是否损坏和断油
平洗小轧车主动辊车速不对	检查各个小轧车主动辊直径是否由小到大顺序排列

2.调换烘筒填料、导辊

烘筒填料是烘筒与烘筒轴承结合处的密封部件。烘筒轴承的作用除支承烘筒外,还须对引入烘筒内的蒸汽或排出烘筒外的冷凝水起到密封作用。目前广泛采用的有填料密封型、平面密封型和球面密封型三种形式。填料密封的柱面密封型烘筒轴承如图10-17所示。

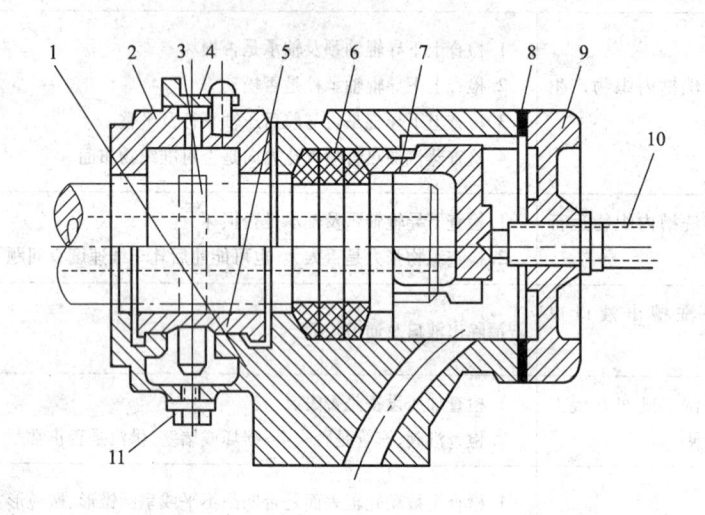

图10-17 柱面密封型烘筒轴承
1—轴承座 2—轴承盖 3—油杯 4—油孔盖 5—轴瓦 6—填料 7—填料压盖
8—垫片(石棉橡胶板) 9—轴承压盖 10—压紧螺钉 11—油塞

蒸汽经轴承座的进汽孔,直接进入烘筒轴头内孔。调节压紧螺钉,压紧螺旋形石棉橡胶填料,形成径向收缩,并与轴头形成转动的圆柱形密封。这种密封对烘筒轴头的回转阻力较大,易磨损,增加了传动消耗。但由于它结构简单,加工、保养及维修都比较方便,安装要求不高,因此,虽然比较陈旧,目前仍在使用。

平面密封型烘筒轴承采用固体润滑材料的端面密封,其主要特点是将烘筒轴头的支承由前面的滑动轴承改为滚动轴承,减小了摩擦,提高了传动效率。蒸汽从蒸汽盖经弹簧压盖进入烘筒轴头内孔。圆形橡胶密封圈使铸塑件与进汽头壳体密封,并使之不随轴头转动,另一圆柱形密封圈则使密封环与轴头密封,并使之随轴头转动。用转动密封环防止滚动轴承润滑油脂的溢漏。

球面密封型烘筒轴承安装在烘筒滚动轴承的外部,密封管与烘筒轴头由螺纹紧密连接。蒸汽从进汽盖经过密封管经烘筒轴头内孔而进入烘筒,其转动密封是由固定球面密封环与密封环、密封管之间的球面摩擦来实现的。弹簧压紧两摩擦球面而不致漏汽,冷凝水由虹吸管经出水弯头排出。

3. 对检修后的洗涤设备运行并验收

(1) 维修部位的部件正常运转:水洗机的某个部位进行维修后,验收时,需要打开总电源,前后呼应,开空车、开慢车,仔细观察维修部位的传动是否正常,传动的声音是否正常。

(2) 整机的正常运转:对于水洗机维修后的局部维修部位确认运转正常后,再逐步开快车速,观察整机运转的同步性和协调性,运转一段时间后,没有异常发生,才可以投入正常生产。但是在生产过程中还是要特别注意维修部位的传动和运转是否正常,才能验收签字。

二、相关知识

1. 水洗机的传动原理

水洗机的传动主要依托电柜箱,电柜箱内设电源主开关、变频器、控制变压器、保险装置等,并备有人机对话的操作台。操作台全部采用标准喷塑柜壳,一般前面开门、背面封闭,带门控照明和过滤通风风扇等装置。

全机控制和运行采用变频调速和PLC控制系统,通过人机界面的彩色显示屏进行操作控制。各槽的同步控制方式为主令给定信号,由PLC模块4DA输出至各单元角度传感器,再送至各变频器信号输入端,保持了极佳的同步性。同时配置双面数显工艺车速显示屏,用以在线检查和监督工艺的稳定性。每台机设有人机界面的设备电柜都带预留通讯接口,可随机下载或修改工艺参数,可与企业中央管理部门直接通讯,实现了企业电脑系统化中央管理。当然,对于老式的皂洗机,自动化程度较低,除了淘汰一部分高能耗设备外,不少企业对现有设备也进行了改进,主要是变频器的安装和自动化操作系统的配置,使得设备的操作更趋向于人性化,趋向于操作简单、数控准确。

2. 水洗机维修保养

水洗机的维修保养见表10-3。

表10-3 水洗机的维修保养

部件名称	检查周期	加油周期
平洗小轧车轴承	每年检查一次并换新油	滑动轴承每班加适量机油一次,滚动轴承每周加黄油一次
平洗小轧车加压销钉	—	每周加少量机油一次
平洗传动齿轮	每年检查一次	开式:每周加少量黄油一次 闭式:每年换新机油一次
平洗上导辊轴承	每半年检查一次	滑动轴承每周加适量牛油,滚动轴承每三个月加黄牛油一次
平洗下导辊及轴承	每两、三周检查一次	—

三、注意事项

(1)质量分析报告不能流于形式,要落到实处,及时改进。

（2）设备切勿带病运转，在没有把握的情况下不能随意处理故障，而是停机后请有关维修人员检修。

思考题

1. 熟悉水洗机的运行操作，掌握电器柜的操作步骤、各槽温度的控制、蒸汽压力的调节、助剂浓度的控制等，并举例说明。
2. 洗涤效果的评价有哪几方面？
3. 如何控制和检查洗涤后的洗涤效果，举例说明。
4. 举例说明水洗机的基本结构和功能？
5. 洗涤工序易产生哪些疵点，产生原因和解决方法有哪些？
6. 你会处理哪些简单的机械故障？

第十一章　培训与指导

第一节　培　训

学习目标：了解在工作中经常对员工进行技能培训的重要性，并能制订培训计划和编写培训教材，对中级工、初级工进行培训。

一、操作技能

对初级、中级工进行业务知识培训有各种形式，最基本的方法是讲授法、视听视频教育法、案例分析法和基本研讨法。也可以现场操作、现场指导，用试验证明工艺技术，有时为了提高培训质量，需要几种方法同时配合运用。用最简捷的方法达到最好的效果。

培训的内容大致有三个方面，即知识培训、技能培训和心理素质培训。知识培训是员工得到提高和发展的基础，员工只有具备一定的基础知识及专业知识，才能在各自的岗位上进一步发展。技能培训是指企业的操作技能和工作技能。员工的工作技能，是保证企业产品达到优质高产的有效途径和获得发展的源泉。心理素质培训是指员工通过知识培训和技能培训，具备了扎实的理论知识和过硬的操作技能，但是更需要有正确的职业人观点、积极的工作态度和良好的思维习惯，才能给企业带来财富。因为只有高素质员工，才会为实现目标而主动、有效地学习和提升自我，从而最终成为企业所需的人才。

在印染企业，高级工主要是对从事印花行业的初级、中级工进行技能培训,即水洗工艺知识和应知应会知识的职业培训,并进行如何处理工作中发生的问题的培训,特别是安全问题和质量事故等的处理技能、技巧。

二、相关知识

对员工进行技术、操作和管理的全面培训,首先需要合适的教材和培训计划。培训教材的编写,必须结合本企业的生产实际需要,明确培训主题,用简洁的语言把需要表达的主题表达清楚。教材需要突出重点,在关键操作或技术方面既要有广度又要有深度,细节描写详细,内容充实。例如在操作方面,需要说明怎么做,还要说明为什么要这么做,平时在操作中注意避免哪些坏习惯,以及其引起的后果等。在教材中还需要穿插生产实际中已经发生的典型案例,突出分析,与员工形成互动的讨论。教材的表现形式可以是文字、图片、表格、视频,不拘一格。

培训计划包括这样一些内容:

(1)培训的具体目标:水洗初级工、中级工通过技能培训,进一步了解本职工作的操作要点,了解自身操作在整个水洗过程中的重要性,使得在原来的基础上有一个提高,知道为什么要这么做,从而提高初级工、中级工的操作技能和技术水平,保证在制品在受控条件下运行,最终提高全体员工的技术水平。

(2)培训的时间(课时):按照培训的要求和内容,计划培训的课时。在企业里的技术培训,要安排在适当的时间段进行,以不影响生产为原则,操作技能须在现场进行操作指导。

(3)参加对象:按员工所从事的工种分类,确定培训对象是初级工还是中级工,以及了解每个人的文化层次、工作经验、操作熟练程度及处理事情的能力等,以便有的放矢进行培训。

(4)培训的内容:印花织物的水洗工艺知识和从事该岗位的员工应知应会知识的职业培训,例如水洗初级工的操作技能培训,就会涉及企业配置的水洗机知识、水洗操作基础知识、水洗器具知识(缝纫机、量器具)、水洗工艺流程知识、设备的清洁保养知识、在制品管理知识、水洗质量知识、常见疵点知识、岗位责任制和安全操作知识等,根据企业实际生产情况所涉及的这方面知识进行培训。让员工知道需要怎么做、应该怎么做以及出疵的原因和对企业与个人的危害性,使得今后在工作中,能在理解的基础上进行水洗操作。

(5)培训的方法:培训的方法可以是多种形式的,新进员工将会接受有关企业文化、基本制度、行为规范、个人发展、安全培训、管理培训和操作技能培训等方面的培训以及现场培训;对于老员工,经常进行有计划的阶段性技术培训;对于不同岗位的员工分层次、分工种进行专业培训。把培训的途径和方法与企业员工的目的和需求很好地结合起来,防止出现"我讲你听"的单向培训方法,或者只是简单地说教。要通过培训真正使员工明白本职工作的操作规范,提高自身的操作水平和管理能力。

(6)培训后的评估跟踪:对已经参加过岗位培训的员工要进行考试,在员工返回工作岗位后,要进行现场考评,是否已经把学习的知识运用在实际操作中,从而总结经验,为下次培训提供更好的方法。

总之,培训主题确定后,其中最主要的是培训时间和人员的安排,如果包含现场培训,那么还要根据生产计划的安排,挑选需要培训的水洗工艺,进行现场培训时间的安排。

三、注意事项

(1)因地制宜,使培训为生产服务。

(2)培训注重于现场的规范操作和洗涤原理。

第二节 指 导

学习目标: 具有在现场指导初级工和中级工洗涤的实际操作能力。

一、操作技能

作为高级工,具有在现场对初级、中级工进行洗涤操作指导的责任,对水洗初级工、中级工进行系统的操作指导,包括洗前准备、洗涤操作和洗后处理,并对生产过程中质量控制的关键过程进行指导。按照国家职业等级要求的内容,根据企业制定的水洗设备的操作程序、安全操作规程、工艺操作规程、现场管理要求、现场质量管理要求等,结合对计划任务的贯彻、实施、检查等要求,不仅要对新员工进行此类指导,即使是老员工也需要不断地进行标准化操作指导,以达到操作技术上的提高。

在巡视现场时,发现员工操作不当,要立即阻止,并使其改正。发现操作不到位的,也要及时提出,说明道理,使员工的操作都统一在标准化的起跑线上,以职业人的标准展示员工的精神面貌。最终保证印花生产过程中的操作、工艺、管理都在受控下进行。

印花后洗涤的现场指导,简单地说包括洗前准备,洗涤操作、洗后处理和质量控制。例如在开机、操作和关机的过程中必须遵照设备操作规程,按照规定的操作程序进行。又如在进行水洗准备时对工艺卡、生产卡、面料进行查对;对水洗设备进行清洗和对传动部分进行检查等;以保证员工的操作质量在统一的受控状态下进行,使产品的质量在同一条件下得到重现和保证。特别是遇到重大质量问题,要及时发现和阻止,晓之以理,对员工进行现场教育,并指导员工如何操作,以避免和杜绝一些易发疵品的产生。

1. 指导初级工实际操作

初级工的实际操作指导包括:开车前需明白印花织物洗涤加工的要求和内容,对洗涤织物的正反面的识别,缝头的方法和穿布引头的路线要求。进布、烘布和出布单元的操作方法,洗涤过程中进布时的张力调节、吸边器调节,压辊的压力稳定,烘干时烘筒压力的调节,疏水器的正常使用。洗涤织物质量要求的控制,进出布单元简单故障的处理。洗涤结束后的关机程序,设备清洁工作和工器具清洁工作的要求,对水洗设备的维护保养,设备的正确使用和保养,特别是烘筒安全操作的步骤。填好交接班记录。

2. 指导中级工实际操作

中级工的实际操作指导包括:对工艺指导书的识别和理解,来坯洗涤的工艺流程和工艺要求的理解,洗涤的基本原理。各种洗液的配制方法和安全操作方法,对酸碱等溶液的浓度的测定。整机的穿布工艺路线和穿布要求,操作过程中工艺的正常维护,跑偏、折皱、卷边等的纠正。压辊的原理,各槽工艺控制和轧辊的压力调节。填写记录,包括交接班记录、产质量记录、工艺记录、设备运行记录。水洗机各部分的结构和性能,水洗机常见故障及处理方法。洗涤工序的现场管理知识,设备的维修保养。

二、相关知识

实际操作应用知识:洗涤工实际操作应用知识参照本书初级工、

中级工、高级工的洗涤操作内容。

三、注意事项

指导操作时要讲明原理,使员工在理解的基础上接受。

思考题

1. 对初级、中级工的培训内容包含哪些方面?
2. 如何编制培训计划和编制培训教材?
3. 对初级、中级工实际操作的指导包括哪些方面?

参考文献

[1] 人力资源和社会保障部教材办公室. 职业道德[M]. 2版. 北京:中国劳动社会保障出版社, 2009.

[2] 王易, 邱吉. 职业道德. [M]. 北京:中国人民大学出版社, 2009.

[3] 傅桂英. 对新形势下加强企业职业道德建设的思考. 山西经济管理干部学院学报, 2006(9):17-18.

[4] 王壮. 行业自律与企业职业道德建设. 山东社会科学, 2002(6):127-128.

[5] 张鹏. 印染生产管理[M]. 上海:东华大学出版社, 2009.

[6] 姜怀. 生态纺织的构建与评价[M]. 上海:东华大学出版社, 2005.

[7] 中国标准研究中心. GB/T 28001—2001 职业健康安全管理体系规范[S]. 北京:中国标准出版社, 2001.

[8] 黄进. GB/T 28001 职业健康安全管理体系实施精要[S]. 北京:中国标准出版社, 2005.

[9] 中国安全生产协会. AQ/T 9006—2010 企业安全生产标准化基本规范[S]. 北京:中国标准出版社, 2010.

[10] 田水承, 景国勋. 安全管理学[M]. 北京:机械工业出版社, 2009.

[11] 中国安全生产协会注册安全工程师工作委员会. 安全生产管理知识(2008年版)[M]. 北京:中国大百科全书出版社, 2008.

[12] 中国安全生产协会注册安全工程师工作委员会. 安全生产法及相关法律知识(2008年版)[M]. 北京:中国大百科全书出版社, 2008.

[13] 张应立, 张莉. 工业企业防火防爆[M]. 北京:中国电力出版社, 2003.

[14] 王丽琼. 防火防爆技术基础[M]. 北京:北京理工大学出版社, 2009.

[15] 康青春, 贾立军. 防火防爆技术[M]. 北京:化学工业出版社, 2008.

[16] 杨泗霖.防火与防爆[M].北京:首都经济贸易大学出版社,2000.

[17] 《防火防爆安全便携手册》编写组.防火防爆安全便携手册[M].北京:机械工业出版社,2006.

[18] 杨遇真.防火防爆知识讲座(一)[J].安全,1993(2):11-15.

[19] 杨遇真.防火防爆知识讲座(二)[J].安全,1993(3):14-16.

[20] 杨遇真.防火防爆知识讲座(三)[J].安全,1993(4):13-15.

[21] 杨遇真.防火防爆知识讲座(四)[J].安全,1993(5):14-18.

[22] 中国纺织工业协会产业部.生态纺织品标准[M].北京:中国纺织出版社,2003.

[23] 上海印染工业行业协会《印染手册》(第二版)编修委员会.印染手册[M].2版.北京:中国纺织出版社,2003.

[24] 盛慧英.染整机械[M].北京:中国纺织出版社,1999.

推荐图书书目：轻化工程类

书 名	作 者	定价(元)

国家职业标准

书 名	作 者	定价(元)
印染雕刻制版工	劳动和社会保障部制定	12.00
印染染化料配制工	劳动和社会保障部制定	12.00
印染丝光工	劳动和社会保障部制定	11.00
印染烘干工	劳动和社会保障部制定	10.00
印染后整理工	劳动和社会保障部制定	11.00
印染洗涤工	劳动和社会保障部制定	10.00
印染工艺检验工	劳动和社会保障部制定	10.00
印染成品定等装潢工	劳动和社会保障部制定	11.00
印染定型工	劳动和社会保障部制定	10.00
印染烧毛工	劳动和社会保障部制定	10.00
印花工	劳动和社会保障部制定	14.00
煮炼漂工	劳动和社会保障部制定	11.00
纺织染色工	劳动和社会保障部制定	10.00

【"十一五"规划教材】

高职、高专教材

书 名	作 者	定价(元)
纤维素纤维制品的染整(第2版)(部委级)	蔡素英 主编	42.00
产业用纺织品	张玉惕 主编	39.00
染整技术实验(国家级)	蔡苏英 主编	38.00
印染 CAD/CAM(部委级,附光盘)	宋秀芬 主编	35.00
染整工艺设计(部委级,附光盘)	李锦华 主编	38.00
纺织品服用性能与功能(部委级,附光盘)	张玉惕 主编	32.00
染整技术(第一册)(国家级,附光盘)	林细姣 主编	35.00
染整技术(第二册)(国家级,附光盘)	沈志平 主编	34.00
染整技术(第三册)(国家级,附光盘)	王 宏 主编	30.00

推荐图书书目：轻化工程类

书　名	作　者	定价(元)
染整技术(第四册)(国家级,附光盘)	林　杰　主编	32.00
纤维化学及面料(国家级,附光盘)	杭伟明　主编	28.00
纺织应用化学与实验(国家级,附光盘)	伍天荣　主编	36.00
印染产品质量控制(第二版)(部委级)	曹修平　等	25.00
染料生产技术概论(部委级,附光盘)	于松华	32.00
基础化学(第二版)(下册)(部委级,附光盘)	刘妙丽	34.00
印染概论(第二版)(国家级,附光盘)	郑光洪	32.00
染整废水处理(国家级,附光盘)	王淑荣　主编	30.00
染料化学(国家级)	路艳华　主编	30.00
染整专业英语(国家级,附光盘)	伏宏彬　主编	33.00
染整设备(国家级)	廖选亭　主编	32.00
染色打样实训	杨秀稳　主编	39.8
蛋白质纤维制品的染整(第2版)(部委级)	杭伟明　等	29.80
纺织染专业英语(第4版)(部委级)	罗巨涛　等	35.00

高职、高专教材

【Dyeing 系列】

纺织品前处理336问	曾林泉	35.00
纺织品印花320问	曾林泉	36.00
织物仿色打样实用技术	崔浩然	38.00
圆网印花机的应用	佶龙机械工业有限公司	32.00
纺织品整理365问	曾林泉	36.00

生产技术书

推荐图书书目：轻化工程类

	书　名	作　者	定价(元)
生产技术书	羊毛染色	天津德凯化工股份有限公司译	98.00
	活性染料染色技术	宋心远	78.00
	涤纶及其混纺织物染整加工	贺良震	36.00
	机织物浸染实用技术	崔浩然	48.00
	染整生产疑难问题解答(第2版)	唐育民	38.00

注　若本书目中的价格与成书价格不同，则以成书价格为准。中国纺织出版社图书营销中心函购电话：(010)64168110。或登录我们的网站查询最新书目：中国纺织出版社网址：www.c-textilep.com